电类专业通用教材系列

U0393695

可编程序控制器及其应用
（三菱）

主　编　常　芳　姚永辉

副主编　廖书琴

主　审　唐海君

知识产权出版社

全国百佳图书出版单位

——北京——

图书在版编目（CIP）数据

可编程序控制器及其应用：三菱/常芳，姚永辉主编. —北京：知识产权出版社，2020.1

电类专业通用教材系列

ISBN 978-7-5130-6633-4

Ⅰ.①可… Ⅱ.①常… ②姚… Ⅲ.①可编程序控制器—教材 Ⅳ.①TM571.61

中国版本图书馆 CIP 数据核字（2019）第 265983 号

内容简介

本书根据职业教育的特点和培养适应生产、建设、管理、服务第一线需要的技能型人才目标的要求，以实践项目为导向，以三菱 FX 系列 PLC 为对象编写。

全书理论知识以够用为度，以实践操作作为重点，共分 6 个单元、24 个课题，结合大量的工程实例介绍 PLC 的基础知识，GX Developer 编程软件，基本指令、步进指令、功能指令的应用，PLC 与变频器的综合应用等。

本书可作为高职高专、各类职业院校自动化、电类和机电类等相关专业的教材，也可作为岗前培训教材。

责任编辑：张雪梅	责任印制：刘译文
封面设计：曹　来	

可编程序控制器及其应用（三菱）

KEBIAN CHENGXU KONGZHIQI JIQI YINGYONG（SANLING）

主　编　常　芳　姚永辉

副主编　廖书琴

主　审　唐海君

出版发行：知识产权出版社有限责任公司		网　址：http://www.ipph.cn	
电　话：010-82004826		http://www.laichushu.com	
社　址：北京市海淀区气象路 50 号院		邮　编：100081	
责编电话：010-82000860 转 8171		责编邮箱：laichushu@cnipr.com	
发行电话：010-82000860 转 8101		发行传真：010-82000893	
印　刷：三河市国英印务有限公司		经　销：各大网上书店、新华书店及相关专业书店	
开　本：787mm×1092mm　1/16		印　张：13.5	
版　次：2020 年 1 月第 1 版		印　次：2020 年 1 月第 1 次印刷	
字　数：300 千字		定　价：49.00 元	

ISBN 978-7-5130-6633-4

前　言

本书根据职业教育的特点和培养适应生产、建设、管理、服务第一线需要的技能型人才目标的要求，以实践项目为导向，以三菱 FX 系列 PLC 为对象编写。本书的编写坚持"以就业为导向，以能力为本位"，充分体现任务引领、工学结合、实践导向的课程设计思想，由 6 个单元 24 个课题贯穿而成。全书内容简明、实用，采用图文并茂、深入浅出的表达方式，力求使学生学得会、学得明白，并注重培养学生分析问题、解决问题的能力。

本书由湖南潇湘技师学院（湖南九嶷职业技术学院）常芳、姚永辉任主编，廖书琴任副主编，唐海君教授主审本书。其中，常芳统稿并编写 1～4 单元，姚永辉编写 5、6 单元，廖书琴编辑全书插图。本书在编写过程中得到了湖南潇湘技师学院（湖南九嶷职业技术学院）领导和许多老师的大力支持，同时参考了一些书刊并引用了一些资料，难以一一列举，在此一并表示衷心的感谢。

由于编者水平有限，编写经验不足，加之时间仓促，不足之处在所难免，恳请广大读者提出宝贵意见。

目　　录

单元 1 可编程序控制器的认识

随着电子技术和控制理论的不断发展，传统继电接触器控制已不能满足现代自动控制的要求，从而出现了控制精度高、灵活方便并得到广泛应用的可编程序控制器。认识和了解可编程序控制器的结构与工作原理是学习和掌握后续设计、改造技能必需的知识储备，也是今后对各种自动化控制设备进行安装、调试、维修的坚实基础。

课题 1.1 可编程序控制器的结构和型号

 学习目标

1. 了解可编程序控制器的发展历程。
2. 知道可编程序控制器的结构。
3. 会识读可编程序控制器的型号。

1.1.1 可编程序控制器的发展历程

1968 年，美国通用汽车公司提出取代继电器控制装置的要求；1969 年，美国数字设备公司（DEC）研制出第一台可编程序控制器 PDP-14，用于通用汽车公司的生产线，取代生产线上的继电器控制系统，开创了工业控制的新纪元。1971 年，日本研制出 DCS-8 控制器；1973 年，德国西门子公司（SIEMENS）研制出欧洲第一台 PLC，型号为 SIMATIC S4；1974 年，我国开始研制生产可编程序控制器。早期的可编程序控制器是为取代继电器 - 接触器控制系统而设计的，用于开关量控制，具有逻辑运算、计时、计数等顺序控制功能，故称之为可编程序逻辑控制器（Programmable Logic Controller，简称 PLC）。

随着微电子技术、计算机技术及数字控制技术的高速发展，到 20 世纪 80 年代末，可编程序控制器技术已经很成熟，并从开关量逻辑控制扩展到计算机数字控制（CNC）等领域。近年生产的可编程序控制器在处理速度、控制功能、通信能力等方面均有新的突破，并向电气控制、仪表控制、计算机控制一体化方向发展，性能价格比不断提高，成为工业自动化的支柱之一。这时的可编程序控制器功能已不限于逻辑运算，具有了连续模拟量处理、高速计数、远程输入输出和网络通信等功能。国际电工委员会（IEC）将可编程序逻辑控制器改称为可编程序控制器 PC（Programmable Controller）。后来因为发现其简写与个人计算机（Personal Computer）相同，所以又重新沿用 PLC 的简称。

20 世纪 70 年代中末期，PLC 进入实用化发展阶段，计算机技术已全面引入可编程序控制器中，使其功能发生了飞跃。更高的运算速度、超小型体积、更可靠的工业抗干扰设计、模拟量运算、PID 功能及极高的性价比奠定了它在现代工业中的地位。

20 世纪 80 年代初，PLC 在先进的工业国家已获得广泛应用。世界上生产可编程序控制器的国家日益增多，产量日益上升。这标志着 PLC 已步入成熟阶段。

20 世纪 80 年代至 90 年代中期是 PLC 发展最快的时期，年增长率一直保持在 30%～40%。在这时期，PLC 的模拟量处理能力、数字运算能力、人机接口能力和网络能力得到大幅度提高，可编程序控制器逐渐进入过程控制领域，在某些应用上取代了在过程控制领域处于统治地位的 DCS 系统（集散控制）。

20 世纪末期，PLC 的发展特点是更加适应现代工业的需要。这个时期发展了大型机和超小型机，诞生了各种各样的特殊功能单元，生产了各种人机界面单元、通信单元，使应用 PLC 的工业控制设备的配套更加容易。

目前，在世界上先进的工业国家，PLC 已经成为工业控制的标准设备，它的应用几乎覆盖了所有的工业企业。PLC 控制技术已经成为当今世界的潮流，成为工业自动化的三大支柱（PLC 控制技术、机器人、计算机辅助设计和制造）之一。

1.1.2 可编程序控制器的结构

PLC 具有以下特点：编程方法简单易学；功能强，性价比高；硬件配套齐全，适应性强，用户使用方便；无触点，免配线，可靠性高，抗干扰能力强；系统的设计、安装、调试工作量少；维修工作量小、方便；体积小，能耗低等。三菱 PLC 的外形如图 1.1.1 所示。

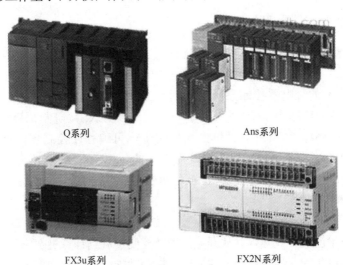

Q系列　　　　　　　　　　　　Ans系列

FX3u系列　　　　　　　　　　FX2N系列

图 1.1.1　三菱 PLC 的外形

PLC 实质上是一种专用于工业控制的计算机,其硬件结构基本上与微型计算机相同。不管是哪种品牌的 PLC,不外乎主要由中央处理单元(CPU)、存储器(ROM/RAM)单元、输入/输出(I/O)单元、电源、编程器组成。其内部结构框图如图 1.1.2 所示。

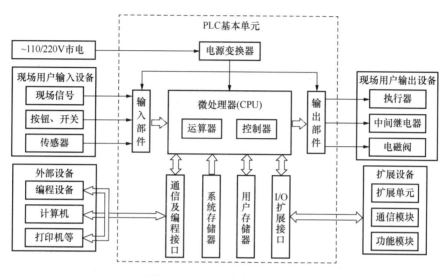

图 1.1.2 PLC 内部结构框图

1. 中央处理单元(CPU)

中央处理单元(CPU)是 PLC 的核心部分,在整机中起到类似人的神经中枢的作用。其主要功能有:

1) 接收从编程设备输入的用户程序和数据,并存储在存储器中。

2) 用扫描工作方式接收现场输入设备(元件)的状态数据,并存储在相应的寄存器中。

3) 监视电源、PLC 内部电路工作状态和用户程序编制过程中的语法错误。

4) 在 PLC 运行状态下执行用户程序,完成用户程序规定的各种算术逻辑运算、数据的传输和存储等。

5) 按照程序运行结果,更新相应的标志位和输出映像寄存器,通过输出部件实现输出、制表打印和数据通信等。

PLC 中采用的 CPU 一般有三大类:一类为通用微处理器,如 80286、80386 等;一类为单片机芯片,如 8031、8096 等;还有一类为位处理器,如 AMD2900、AMD2903 等。一般来说,PLC 精度等级越高,CPU 的位数越多,运算速度就越快,指令功能也就越强。

2. 存储器(ROM/RAM)单元

PLC 的存储器是用来存放系统程序和用户程序的,它有只读存储器(ROM)和随机存储器(RAM)两大类。

（1）只读存储器（ROM）

只读存储器用于固化 PLC 制造商编写的各种系统工作程序。这些程序相当于个人计算机（电脑）的操作系统，在很大程度上决定了该种 PLC 的性能，用户无法更改或调用。

（2）随机存储器（RAM）

随机存储器又分为程序存储区、数据存储区和位存储区。程序存储区主要用来存储用户程序，可以改变和调用。数据存储区存放中间运算结果、当前值和运行必要的初始值。位存储区存放 PLC 内部的输入继电器、输出继电器、辅助继电器、定时器、计数器等，这些不同的继电器占有不同的区域，有不同的地址编号。

为了保证在外部电源断电的情况下随机存储器（RAM）中的信息不丢失，在 PLC 中设有备用锂电池，备用电池的使用寿命一般为 3～5 年。

3. 输入/输出（I/O）单元

输入/输出（I/O）单元是工业控制现场各类信号的连接单元，PLC 通过输入接口把外部设备的各种状态或信息读入 CPU，按照用户程序执行运算与操作，又通过输出接口将处理结果送到被控制对象，驱动各种执行机构，实现工业生产过程的自动控制。其示意图如图 1.1.3 所示。

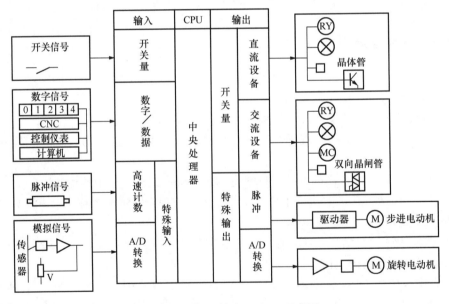

图 1.1.3　输入/输出（I/O）示意图

（1）输入单元（I）

输入单元用来接收工业控制现场的各种参数，它的作用是把现场信号转变成 PLC 内部处理的标准信号。各种 PLC 的输入接口电路结构大都相同，按照输入信号的不同分为开关量输入、数字量输入、脉冲量输入、模拟量输入四大类。

在输入接口电路中，每一个输入端子可接收一个来自用户设备的离散信号，即外部输入器件可以是无源触点，如按钮、开关、行程开关等，也可以是有源器件，如各类传感器、接近开关、光电开关等。在 PLC 内部电源容量允许的条件下，有源输入器件可以采用 PLC 输出电源（24V），否则必须外设电源。

（2）输出单元（O）

输出单元将 PLC 的输出信号转换成外部所需要的控制信号，并以此驱动各种外部执行元件，如接触器、电磁阀、指示灯、调节阀、调速装置等。为适应不同负载的需要，PLC 的输出有继电器输出（RY）、晶体管输出（TR）、晶闸管输出（SSR）三种类型。

继电器输出是利用继电器的触点和线圈将 PLC 的内部电路与外部负载电路进行电气隔离，交流及直流负载都可以驱动。其原理如图 1.1.4 所示。

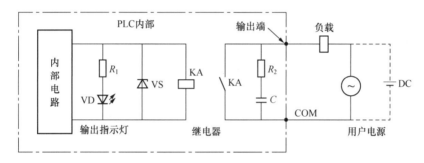

图 1.1.4　继电器输出原理

晶体管输出是通过光电耦合器使晶体管截止或导通，以控制外部负载电路，同时将 PLC 内部电路和晶体管输出电路进行电气隔离，只能驱动直流负载（一般为 DC 30V/点以下）。其原理如图 1.1.5 所示。

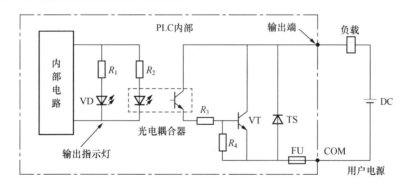

图 1.1.5　晶体管输出原理

晶闸管输出通过光电耦合器使晶体管截止或导通，以控制外部负载电路，同时将 PLC 内部电路和晶闸管输出电路进行电气隔离，只能驱动交流负载（一般为 0.2A/点以下）。其原理如图 1.1.6 所示。

注意：起重设备类、电梯类的控制只能使用继电器输出，不得使用晶体管和晶闸管输出。

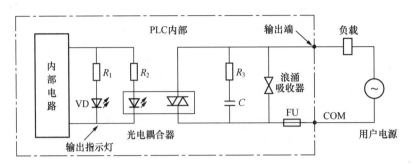

图 1.1.6　晶闸管输出原理

4. 电源

PLC 的电源在整个系统中起着十分重要的作用。如果没有一个良好的、可靠的电源，系统是无法正常工作的，因此 PLC 的制造商对电源的设计和制造也十分重视。

（1）内部电源

内部电源为开关稳压电源，供内部电路使用。大多数机型还可以向外提供 DC 24V 稳压电源，为现场的开关信号、外部传感器供电。

（2）外部电源

外部电源可用一般工业电源，并备有锂电池（备用电池），保证在外部电源故障时内部重要数据不致丢失。

目前 PLC 都采用开关电源，性能稳定、可靠。数据存储器常采用锂电池作断电保护后备电源。

（3）PLC 对电源的要求

1）能有效控制、消除电网电源带来的各种噪声。

2）不会因电源发生故障而导致其他部分产生故障。

3）能在较宽的电压波动范围内保持输出电压稳定。

4）电源本身的功耗尽可能低，以降低本机的温升。

5）内部电源与外部电源应完全隔离。

6）有较强的自动保护功能。

5. 编程器

编程器是 PLC 的外部设备，用户可通过编程器输入、检查、修改、调试程序或监视 PLC 的工作情况，也可以通过专用的编程电缆线将 PLC 与电脑连接起来，并利用编程软件进行电脑编程和监控。编程器主要有手持式文字编程器、手持式图形编程器、通用计算机编程器（编程软件），随着计算机技术的发展和运用，现在一般只用通用计算机编程器（编程软件），这将在后续课题中学习到。

1.1.3　可编程序控制器的型号

不同制造商命名的可编程序控制器型号不同，现以三菱 FX 系列的型号为例进行说明。

（1）子系列

表示子系列的名称，如 1S、1N、2N、3U 等。

（2）点数

表示输入输出的点数之和。

（3）单元类型

M 为基本单元，E 为输入输出混合扩展模块，EX 为输入专用模块，EY 为输出专用模块。

（4）输出形式

R 为继电器输出，T 为晶体管输出，S 为晶闸管输出。

（5）特性

它指的是电源、输入、输出特性。D 和 DS 为直流 24V 电源，DSS 为直流 24V 电源晶体管输出，ES 为交流电源，ESS 为交流电源晶体管输出，UA1 为交流电源交流输出。

例如，FX2N-32MR-D 表示该 PLC 是 FX2N 系列，共有 32 个输入输出点的基本单元，继电器输出类型，使用 24V 直流电源。

思 考 题

1. PLC 由哪几部分构成？

2. 按照输入信号分类，PLC 输入有哪几种类型？

3. 为适应不同负载的需要，PLC 的输出有哪几种类型？各适用于什么样的负载？

课题 1.2　可编程序控制器的工作原理

学习目标

1. 知道 PLC 的工作模式。

2. 知道 PLC 的工作原理。

3. 了解 PLC 控制与继电控制的不同。

继电器控制装置采用硬逻辑并行运行的方式，即如果这个继电器的线圈通电或断电，该继电器所有的触点（包括其常开或常闭触点）在继电器控制线路的任何位置上都会立即同时动作。而 PLC 则采用"顺序串行扫描，不断循环"的扫描方式进行工作，即如果一个输出线圈或逻辑线圈被接通或断开，该线圈的所有触点（包括其常开或常闭触点）不会立即动作，必须等扫描到该触点时才会动作。也就是说，PLC 运行时，CPU 根据用户按控制要求编制好并存于用户存储器中的程序，按指令步序号（或地址号）作周期性循环扫描，如无跳转指令，则从第一条指令开始逐条顺序执行用户程序，直至程序结束，然后重新返回第一条指令，开始下一轮新的扫描。下面分析学习 PLC 的工作原理。

1.2.1　PLC 的工作模式

PLC 有停止和运行两种工作模式。

1. 停止模式

当处于停止工作模式时，PLC 只进行内部处理和通信服务。

2. 运行模式

PLC 在工作时要经历输入采样、程序执行和输出刷新三个阶段，如图 1.2.1 所示。

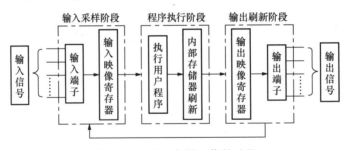

图 1.2.1　PLC 扫描工作的过程

1.2.2　PLC 的工作过程

1. 输入采样阶段

在输入采样阶段，PLC 以扫描方式依次读入所有输入状态和数据，并将它们存入 I/O 映像区中的相应单元内。输入采样结束后，转入程序执行和输出刷新阶段。在这两个阶段，即使输入状态和数据发生变化，I/O 映像区中相应单元的状态和数据也不会改变。

2. 程序执行阶段

在程序执行阶段，PLC 总是按由上而下的顺序依次扫描用户程序（梯形图）。在扫描每一条梯形图时，又总是先扫描梯形图左边由各触点构成的控制线路，并按先左后右、先上后下的顺序对由触点构成的控制线路进行逻辑运算，然后根据逻辑运算的结果，刷新该逻辑线圈在系统 RAM 存储区中对应位的状态，或者刷新该输出线圈在 I/O 映像区中对应位的状态，或者确定是否要执行该梯形图规定的特殊功能指令。即在用户程序执行过程中，只有输入点在 I/O 映像区内的状态和数据不会发生变化，其他输出点和软设备在 I/O 映像区或系统 RAM 存储区内的状态和数据都有可能发生变化，而且排在上面的梯形图，其程序执行结果会对排在下面的所有用到这些线圈或数据的梯形图起作用；相反，排在下面的梯形图，其被刷新的逻辑线圈的状态或数据只能到下一个扫描周期才能对排在其上面的程序起作用。

3. 输出刷新阶段

当扫描用户程序结束后，PLC 就进入输出刷新阶段。在此期间，CPU 按照 I/O 映像区内对应的状态和数据刷新所有的输出锁存电路，再经输出电路驱动相应的外设。这时才是 PLC 的真正输出。

下面以图 1.2.2 为例说明 PLC 工作过程的三个阶段。运行图 1.2.2（a，b）中的程序，当 X0 闭合时，M2 要经过几次扫描后才能有输出结果。

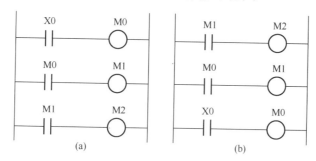

图 1.2.2　PLC 工作过程的三个阶段举例

1) 运行图 1.2.2（a）中的程序。按照运行模式的三个阶段，当 X0 有信号输入闭合时，程序按照先上后下、先左后右的步序开始执行，执行步序为 X0→M0（线圈得电）→M0（触点闭合）→M1（线圈得电）→M1（触点闭合）→M2（线圈得电），输出刷新 M2，输出结果。

2) 运行图 1.2.2（b）中的程序。按照运行模式的三个阶段，当 X0 有信号输入闭合时，程序按照先左后右、先上后下的步序开始执行，执行步序为 M1（触点仍然断开）→ M2（线圈仍然没有得电）→M0（触点仍然断开）→M1（线圈仍然没有得电）→X0（触点闭合）→ M0（线圈得电），输出刷新 M2，输出无结果。

下一循环开始，顺序为 M1（触点仍然断开）→ M2（线圈仍然没有得电）→ M0（触点得电）→M1（线圈得电）→X0（触点闭合）→ M0（线圈得电），输出刷新 M2，输出无结果。

再次循环，顺序为 M1（触点闭合）→M2（线圈得电）→M0（触点得电）→M1（线圈得电）→X0（触点闭合）→M0（线圈得电），输出刷新 M2，输出结果。

这两段程序执行的结果完全相同，但在 PLC 中执行的过程却不一样，图 1.2.2

（a）所示的程序只用一次扫描周期就可完成对 M2 刷新结果的输出，图 1.2.2（b）所示的程序要用三次扫描周期才能完成对 M2 刷新结果的输出。

1.2.3 PLC 的工作方式和特点

1. 工作方式

PLC 采用集中采样、集中输出、不间断循环的顺序扫描，为"串行"的工作方式。

2. 工作特点

1）PLC 运行正常时，扫描周期的长短与 CPU 的运算速度、I/O 点的情况、用户应用程序的长短及编程情况等均有关。通常用 PLC 执行 1K 指令所需的时间来说明其扫描速度（一般为 1～10ms/K）。

2）输出滞后（响应时间），指从 PLC 的外部输入信号发生变化至它所控制的外部输出信号发生变化的时间间隔，一般为几十至 100ms。

引起输出滞后的因素主要有输入模块的滤波时间、输出模块的滞后时间及扫描方式引起的滞后。

3）由于 PLC 为集中采样，在程序处理阶段即使输入发生了变化，输入映像寄存器中的内容也不会变化，要到下一周期的输入采样阶段才会改变。

4）由于 PLC 是串行工作，所以其运行结果与梯形图程序的顺序有关。

这与继电器控制系统"并行"的工作有本质的区别，其避免了触点的临界竞争，减少了繁琐的联锁电路。

思 考 题

1. PLC 运行模式下的工作过程分为哪几个阶段？

2. 如图 1.2.3 所示，图 1.2.3（a）中的 M2、图 1.2.3（b）中的 M1 要执行几次才有输出？分别说明执行步序。

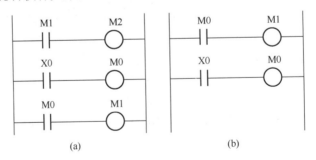

图 1.2.3 思考题 2 图

3. 引起 PLC 输出滞后的因素有哪些？

4. PLC 的工作特点有哪些？为什么说 PLC 的运行结果与梯形图程序的顺序有关？

课题 1.3　PLC 的技术性能指标与编程语言

学习目标

　　1. 知道 PLC 的技术性能指标。

　　2. 知道 PLC 常用的编程语言。

1.3.1　PLC 的技术性能指标

1. 存储容量

　　存储容量是指用户程序存储器的容量。用户程序存储器的容量大，可以编制出复杂的程序。一般来说，小型 PLC 的用户存储器容量为几千字节，而大型机的用户存储器容量为几万字节。

2. 输入输出点数

　　输入/输出（I/O）点数是 PLC 可以接受的输入信号和输出信号的总和，是衡量 PLC 性能的重要指标。I/O 点数越多，外部可连接的输入设备和输出设备就越多，控制规模就越大。

3. 扫描速度

　　扫描速度是指 PLC 执行用户程序的速度，是衡量 PLC 性能的重要指标。一般以扫描 1K 字节用户程序所需的时间来衡量扫描速度，通常以 ms/K 为单位（一般为 10ms/K）。PLC 用户手册一般会给出执行各条指令所用的时间，可以通过比较各种 PLC 执行相同的操作所用的时间来衡量扫描速度的快慢。

4. 指令的功能与数量

　　指令功能的强弱、数量的多少也是衡量 PLC 性能的重要指标。编程指令的功能越强、数量越多，PLC 的处理能力和控制能力就越强，用户编程也越简单和方便，越容易完成复杂的控制任务。

5. 内部元件的种类与数量

　　在编制 PLC 程序时，需要用到大量的内部元件来存放变量、中间结果、保持数据、定时计数、模块设置和各种标志位等信息。这些元件的种类与数量越多，表示 PLC 存

储和处理各种信息的能力越强。

6. 特殊功能单元

特殊功能单元种类的多少与功能的强弱是衡量 PLC 产品的一个重要指标。近年来各 PLC 厂商非常重视特殊功能单元的开发，特殊功能单元种类日益增多，功能越来越强，使 PLC 的控制功能日益扩大。

7. 可扩展能力

PLC 的可扩展能力包括输入/输出（I/O）点数的扩展、存储容量的扩展、联网功能的扩展、各种功能模块的扩展等。在选择 PLC 时要考虑扩展能力。

1.3.2　PLC 的编程语言

PLC 常用的编程语言主要有梯形图语言（LD）、指令表语言（IL）、状态流程图语言（SFC）三种。

1. 梯形图语言（LD）

梯形图语言是 PLC 程序设计中最常用的编程语言，它与继电器线路类似。由于电气设计人员对继电器控制较为熟悉，梯形图编程语言得到了广泛的欢迎和应用。

梯形图编程语言的特点：与电气操作原理图相对应，具有直观性和对应性；与原有继电器控制相一致，电气设计人员易于掌握。

梯形图编程语言与原有的继电器控制的不同点：梯形图中的能流不是实际意义上的电流，内部的继电器也不是实际存在的继电器，应用时需要与原有继电器控制的概念区别对待。

图 1.3.1 所示为继电器控制的正反转线路控制图，图 1.3.2 所示为 PLC 控制的正反转梯形图。

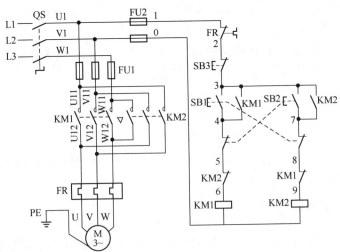

图 1.3.1　继电器控制的正反转线路图

2. 指令表语言（IL）

指令表编程语言是与汇编语言类似的一种助记符编程语言，和汇编语言一样由操作码和操作数组成。在没有计算机的情况下，适合采用 PLC 手持编程器对用户程序进行编制。同时，指令表编程语言与梯形图编程语言相对应，在 PLC 编程软件中可以相互转换。图 1.3.3 所示就是与图 1.3.2 中的梯形图对应的指令表。

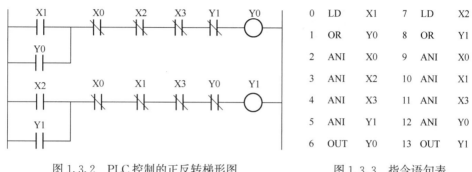

图 1.3.2　PLC 控制的正反转梯形图

0	LD	X1	7	LD	X2
1	OR	Y0	8	OR	Y1
2	ANI	X0	9	ANI	X0
3	ANI	X2	10	ANI	X1
4	ANI	X3	11	ANI	X3
5	ANI	Y1	12	ANI	Y0
6	OUT	Y0	13	OUT	Y1

图 1.3.3　指令语句表

3. 状态流程图语言（SFC）

状态流程图语言（SFC）是为了满足顺序逻辑控制而设计的编程语言。编程时将顺序流程动作的过程分成步和转换条件，根据转移条件对控制系统的功能流程顺序进行分配，一步一步地按照顺序动作。每一步代表一个控制功能任务，用方框表示。在方框内有用于完成相应控制功能任务的梯形图逻辑。这种编程语言使程序结构清晰，易于阅读及维护，大大减轻了编程的工作量，缩短了编程和调试时间。状态流程图语言一般用于系统规模较大、程序关系较复杂的场合。图 1.3.4 是一个简单的状态流程编程语言的示意图。

状态流程图编程语言有以下特点：以功能为主线，按照功能流程的顺序分配，条理清楚，便于理解用户程序；避免了梯形图或其他语言不能顺序动作的缺陷，同时避免了用梯形图语言对顺序动作编程时由于机械互锁造成用户程序结构复杂、难以理解的缺陷；用户程序扫描时间大大缩短。

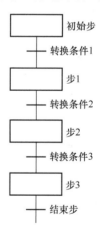

图 1.3.4　状态流程图语言示意图

思　考　题

1. PLC 有哪些技术性能指标？

2. PLC 有哪些常用编程语言？

单元 2 GX Developer编程软件简介

 学习目标

1. 会安装 GX Developer 软件。
2. 会连接 PLC 与计算机。
3. 会创建新工程。
4. 会在 GX Developer 软件中录入程序。

GX Developer 是三菱通用性较强的编程软件，它能够完成 Q 系列、QnA 系列、A 系列（包括运动控制 CPU）、FX 系列 PLC 梯形图、指令表、SFC 等的编辑。该编程软件能够将编辑的程序转换成 GPPQ、GPPA 格式的文档，当选择 FX 系列时，还能将程序存储为 FXGP（DOS）、FXGP（WIN）格式的文档，以实现与 FX-GP/WIN-C 软件（早期的软件）的文件互换。该编程软件能够将 Excel、Word 等软件编辑的说明性文字、数据通过复制、粘贴等简单操作导入程序中，使软件的使用、程序的编辑更加便捷。

1. 系统配置

（1）对计算机的要求

GX Developer 软件对计算机硬件的要求：IBM PC/AT（兼容）；CPU 为 486 以上；内存为 8MB 或更高（推荐 16MB 以上）；显示器分辨率为 800×600 像素、16 色或更高。

（2）接口单元

用 FX-232AWC 型 RS-232/RS-422 转换器（便携式）或 FX-232AW 型 RS-232C/RS-422 转换器（内置式），以及其他指定的转换器。

（3）通信电缆

采用 FX-422CAB 型 RS-422 缆线（用于 FX2、FX2C 型 PLC，0.3m）或 FX-422CAB-150 型 RS-422 缆线（用于 FX2、FX2C 型 PLC，1.5m），以及其他指定的缆线。

2. GX Developer 软件的安装

1）双击打开 **GX Developer 8.86** 文件夹，将会显示如图 2.1.1 所示的界面。

图 2.1.1　打开文件夹后显示的文件

2）双击打开环境安装文件夹 **EnvMEL 文件夹**，再单击安装文件 **SETUP Setup Launcher InstallShield Softwa** 进行环境安装。根据图 2.1.2 所示的对话框单击"下一个"，直到安装结束。

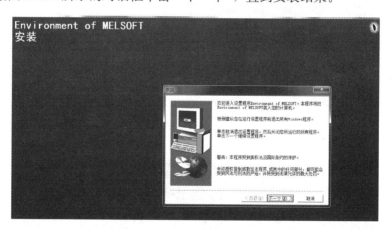

图 2.1.2　环境安装界面

3）环境安装结束后，回到图 2.1.1 所示的界面，单击该界面中的 **SETUP Setup Laur InstallShiel** 安装文件，会出现如图 2.1.3 所示的界面。

根据对话框提示分别单击"确定"或"下一步"，直到出现图 2.1.4 所示的输入序列号对话框。

4）在图 2.1.1 所示的界面中找到"序列号"文件，打开文件，输入文件中的序列号数字，然后根据提示分别单击"确定"或"下一步"，直到出现图 2.1.5 所示的界面，单击该界面中的"确定"，完成软件的安装。

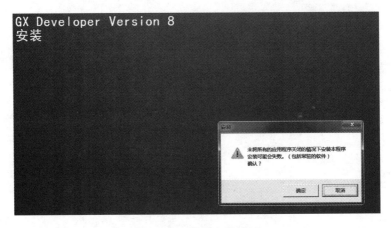

图 2.1.3 软件安装界面

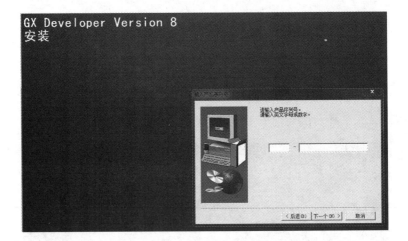

图 2.1.4 输入序列号对话框

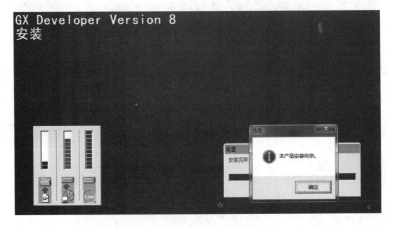

图 2.1.5 安装完成界面

注意：在安装过程中有点选项或显示错误信息的提示，千万不要点选，也不要理会错误信息的提示，直接单击"确定"或"下一步"即可。

3. GX Developer 软件的基本应用

下面以三菱 FX 系列的 FX2N PLC 控制正反转为例介绍 GX Developer 软件的部分功能及使用方法。

（1）操作界面

双击桌面上的"GX Developer"图标，即可启动 GX Developer，其界面如图 2.1.6 所示。

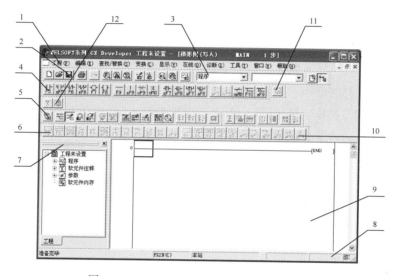

图 2.1.6　GX Developer 编程软件操作界面

该操作界面大致由下拉菜单、工具条、编程区、工程数据列表、状态条等部分组成。图 2.1.6 中引线所示的名称、内容说明见表 2.1.1。

表 2.1.1　GX Developer 编程软件操作界面说明一览

序号	名　称	内　容
1	工程下拉菜单	包含工程、编辑、查找/替换、交换、显示、在线、诊断、工具、窗口、帮助，共10个菜单
2	标准工具条	由工程菜单、编辑菜单、查找/替换菜单、在线菜单、工具菜单中常用的功能组成
3	数据切换工具条	可在程序菜单、参数、注释、编程元件内存四个项目中切换
4	梯形图标记工具条	包含梯形图编辑需要使用的常开触点、常闭触点、应用指令等内容
5	程序工具条	可进行梯形图模式和指令表模式的转换，进行读出模式、写入模式、监视模式、监视写入模式的转换
6	SFC工具条	可对 SFC 程序进行块变换、块信息设置、排序、块监视操作

序号	名　　称	内　　容
7	工程参数列表	显示程序、编程元件注释、参数、编程元件内存等内容，可实现这些项目的数据的设定
8	状态栏	提示当前的操作，显示 PLC 类型及当前操作状态等
9	程序区	完成程序编辑、修改、监控等的区域
10	SFC 符号工具条	包含 SFC 程序编辑需要使用的步、块启动步、选择合并、平行等功能键
11	编程元件内存工具条	进行编程元件内存的设置
12	注释工具条	可进行注释范围设置或对公共/各程序的注释进行设置

（2）创建新工程

单击"工程"→"创建新工程"，或者单击□工具，创建新工程。在弹出的如图 2.1.7 所示的对话框中，"PLC 系列"选择"FXCPU"，"PLC 类型"选择"FX2N(C)"，"程序类型"选择"梯形图"，点选"设置工程名"，并在"工程名"中输入工程名"正反转控制"，单击"确定"，然后显示如图 2.1.8 所示的编程窗口，就可以开始编程了。

图 2.1.7　创建新工程对话框

（3）编辑梯形图程序

编辑如图 2.1.9 所示的梯形图程序，操作步骤如下：

1）在菜单栏选择"编辑"→"写入模式"或单击，如图 2.1.10 所示，然后单击工具图标。

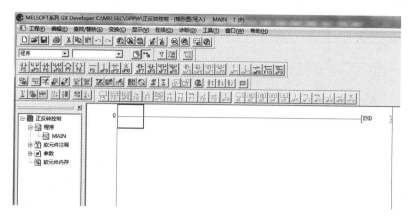

图 2.1.8　新工程编程窗口

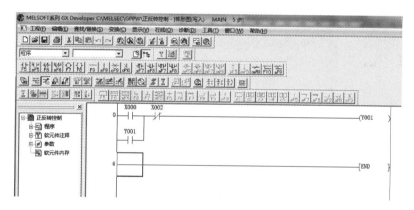

图 2.1.9　示例梯形图程序

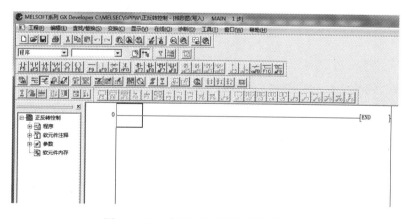

图 2.1.10　编写示例梯形图程序步骤一

2）在弹出的如图 2.1.11 所示的对话框中输入"X0"，并单击"确定"，显示的界面如图 2.1.12 所示。

3）单击工具图标，在弹出的如图 2.1.13 所示的对话框中输入"X2"，并单击

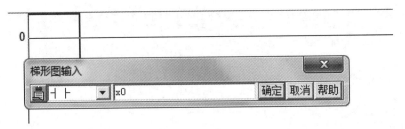

图 2.1.11　编写示例梯形图程序步骤二

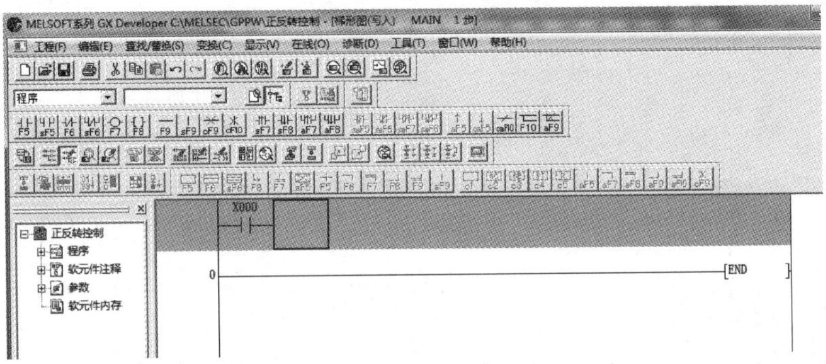

图 2.1.12　编写示例梯形图程序步骤三

"确定"，显示的界面如图 2.1.14 所示。

图 2.1.13　编写示例梯形图程序步骤四

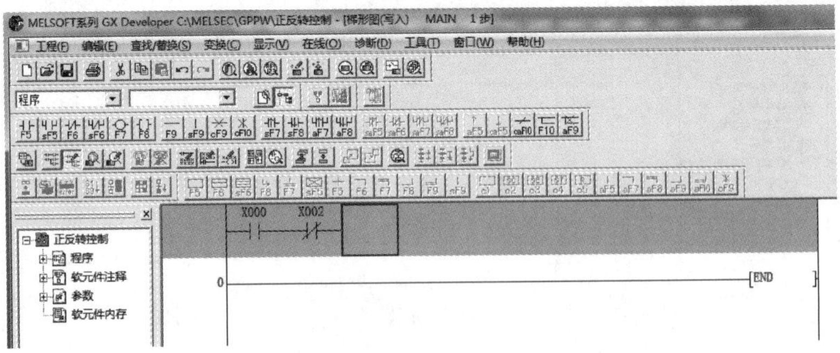

图 2.1.14　编写示例梯形图程序步骤五

4）单击工具图标 ，在弹出的如图 2.1.15 所示的对话框中输入"Y1"，并单击

"确定"，显示的界面如图 2.1.16 所示。

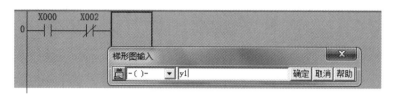

图 2.1.15　编写示例梯形图程序步骤六

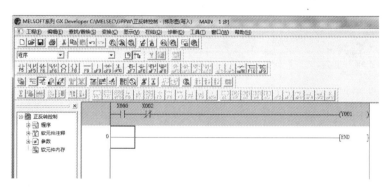

图 2.1.16　编写示例梯形图程序步骤七

5）单击工具图标_{sF5}，在弹出的如图 2.1.17 所示的对话框中输入"Y1"，并单击"确定"，显示的界面如图 2.1.18 所示。

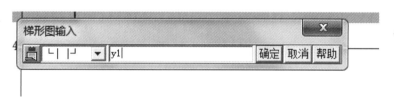

图 2.1.17　编写示例梯形图程序步骤八

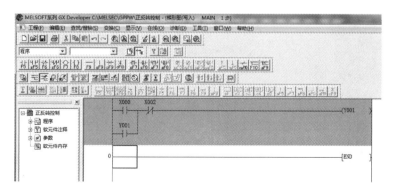

图 2.1.18　编写示例梯形图程序步骤九

6）以上程序写完后，其区域颜色是灰色的，此时虽然程序写好了，但若不进行转换，则程序是无效的，无法传输到 PLC 中。转换的方法：选择菜单栏中"变换"→"变换"，或单击工具图标 🔲🔳，或按快捷键 F4，对以上程序进行转换。转换后，程序区域呈现白色，如图 2.1.19 所示。

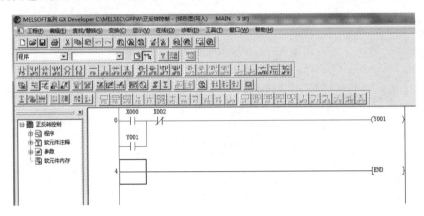

图 2.1.19　编写示例梯形图程序步骤十

若所写的程序在格式或语法上有错误，会在错误区域保持灰色，应检查修改错误程序，修改后重新转换。

（4）程序的传输

当程序写完并转换好后，要把所写的程序传送到 PLC 中，或者把 PLC 中原有的程序读出来。其操作过程如下：

1）选择菜单中"在线"→"传输设置"，弹出对话框，在此对话框中双击"串行 USB"，会弹出 PCI/F 串口详细设置对话框，如图 2.1.20 所示。

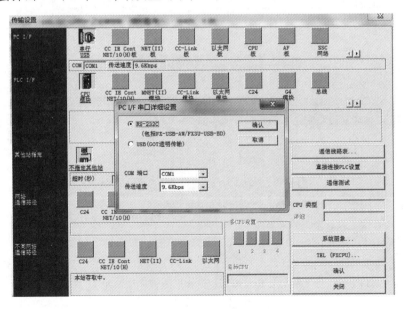

图 2.1.20　传输设置对话框

用一般的串口通信电缆连接电脑与 PLC 时，电脑串口都是"COM1"，而 PLC 系统的"COM"端口默认的也是"COM1"，所以不需要更改设置，电脑与 PLC 就可以通信了。

　　当用 USB 通信电缆连接电脑与 PLC 时，电脑侧的 USB 串口都不是"COM1"。此时，在电脑属性的设备管理器中查看所连接的 USB 串口，根据电脑中的 COM 端口，在 PLC 系统的"COM"端口中设置与电脑 USB 端口一致，然后单击"确认"。

　　2）串口设置正确后，单击图 2.1.20 中的"通信测试"选项，若出现"与 PLC 连接成功"的对话框，则说明可以与 PLC 通信了，即可以传送或读取程序了。

　　若出现图 2.1.21 所示的对话框，则说明电脑不能与 PLC 建立通信，此时应检查 PLC 是否通电、通信电缆是否正确完好连接等，直到连接成功。

图 2.1.21　电脑与 PLC 不能通信的提示

　　3）在菜单中选择"在线"→"PLC 写入"，把刚才编写好的程序写入 PLC 中。

　　要把 PLC 中原有的程序读到电脑中，则在菜单中选择"在线"→"PLC 读取"，就可以把 PLC 中原来的程序读写到电脑中。

　　不管是"PLC 写入"还是"PLC 读取"，选择后都会出现图 2.1.22 所示的对话框。

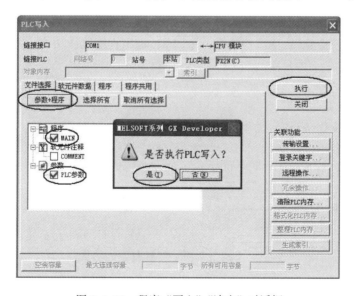

图 2.1.22　程序"写入""读出"对话框

在此对话框中选择"参数＋程序"，在下面的程序及参数框内会自动打上红色"√"，说明程序及参数已选中（若要取消选中，则单击对应的"√"），传送时 PLC 会自动传输程序及参数。

此时，选择"执行"，系统提示是否要执行想要的操作，单击"是"，则 PLC 开始写入或读取。

注意：若串口选择错误，或通信电缆连接有问题等，在单击 PLC 写入或读取后会显示 PLC 连接有问题，此时应检查 PLC 是否通电、通信电缆是否正确完好连接等。确认正确无误后再进行上述操作。

（5）在线监控

1）开启监视。运行 PLC 时，在菜单中选择"在线"，停留在"监视"子菜单上，再选择"监视开始"或单击工具图标，或按快捷键 F3，启动程序监视功能。当 PLC 运行时，各个程序中元件的运行状态和当前性质就在监控画面上显示出来。如果元件线圈"通电"，或触点处于闭合状态，则在相应的位置会出现绿色背景，如图 2.1.23 所示（图中为灰色）。

图 2.1.23　监控程序运行背景

2）停止监视。如果要停止监视，在菜单中选择"在线"，停留在"监视"子菜单上，再选择"监视停止"，或按快捷键 Alt＋F3，退出程序监视功能。

4．实训操作

（1）实训目的

熟练使用 GX Developer 编程软件。

（2）实训设备

实训设备主要有计算机、GX Developer 编程软件安装包、FX2N-16MR、SC09 通信电缆。

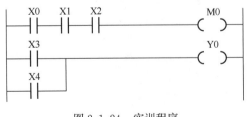

图 2.1.24　实训程序

（3）实训要求

1）在计算机上安装 GX Developer 编程软件。

2）正确输入图 2.1.24 中的程序，并写入 PLC 中。

（4）注意事项

1）通电前必须在指导教师的监护和允许下进行。

2）做到安全操作和文明生产。

（5）评分

评分细则见评分表。

"程序输入实训操作"技能自我评分表

项　目	技术要求	配分/分	评分细则	评分记录
工作前的准备	清点实训操作所需的设备器件	5	每漏检或错检一件，扣1分	
编程软件安装	正确安装 GX Developer 编程软件	25	不能正确安装，每返工一次扣5分	
程序输入	熟练操作编程软件，程序输入准确无误；将程序熟练写入 PLC 中；熟练读取 PLC 中的程序	50	操作编程软件不熟练，扣10分	
			输入有遗漏或错误，每处扣5分	
			不会将程序写入 PLC 中，扣20分	
			程序写入 PLC 中不熟练，扣10分	
			PLC 中程序读取不熟练，扣10分	
清洁	设备器件、工具摆放整齐，工作台清洁	10	乱摆放设备器件、工具，乱丢杂物，完成任务后不清理工位，扣10分	
安全生产	安全着装，按操作规程安全操作	10	没有安全着装，扣5分 操作不规范，扣5分 出现事故，总分计0分	
额定工时 120min	超时，此项从总分中扣分		每超过 5min，扣3分	

思　考　题

1. 输入图 1.3.2 中的正反转控制程序，试运行监控。

2. 输入图 2.1.25 所示的控制程序，试运行监控。

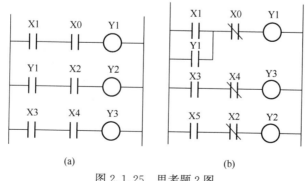

(a)　　　　　(b)

图 2.1.25　思考题 2 图

单元 3 基本指令的应用

三菱 FX 系列 PLC 有 20 条基本指令，有输入继电器（X）、输出继电器（Y）、辅助继电器（M）、定时器（T）、计数器（C）、状态继电器（S）等内部软元件。本单元主要以实训课题为载体认识指令和软元件，学习 PLC 程序设计及安装调试。

课题 3.1 三相异步电动机正反转控制系统

学习目标

1. 知道 PLC 软元件输入继电器（X）、输出继电器（Y）的使用。
2. 知道 PLC 编程设计的基本原则和步骤。
3. 知道 LD、LDI、AND、ANI、OR、ORI、OUT 指令的使用。
4. 知道 PLC 与输入部件、控制部件的接线。
5. 会 PLC 编程设计。

本课题中将用到外部输入继电器（X）和外部输出继电器（Y）两个软元件及 LD、LDI、AND、ANI、OR、ORI、OUT 七条基本指令。

3.1.1 输入继电器（X）、输出继电器（Y）

用 PLC 进行控制，必须将信号控制元件与执行元件接到 PLC 的输入端与输出端，因此需要了解与 PLC 输入端内部相连的外部输入继电器（X）和与 PLC 输出端内部相连的外部输出继电器（Y）。

凡 PLC 内部的元件，如外部输入继电器（X）与外部输出继电器（Y）等，一般都称为"软元件"，而与输入端和输出端相接的外部元件一般称为"硬元件"。

1. 输入继电器（X）

PLC 输入接口的一个接线点对应一个输入继电器（X）。输入继电器（X）不能用内部程序驱动，只能由 PLC 外部信号驱动，可以提供无数个常开触点、常闭触点供使用（这与继电器控制线路有本质的区别）。

　　PLC 输入端由多个外部输入继电器（X）组成，用于接收与 PLC 输入端相接的外接元件的指令信号。输入继电器（X）与外部连接的硬元件主要有各种开关、按钮及传感器等。

　　PLC 输入继电器（X）每一个输入点对应一个地址编号，地址编号采用八进制，所以不存在含有 8 和 9 的数值，即地址编号一般为 X0～X7、X10～X17、X20～X27。PLC 输入/输出软元件实物如图 3.1.1 所示，等效电路图如图 3.1.2 所示。

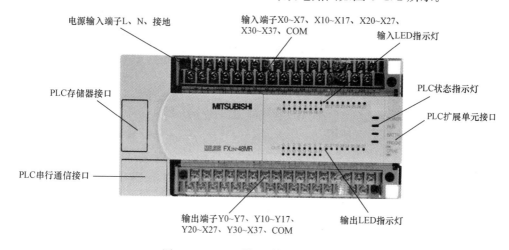

图 3.1.1　PLC 输入/输出软元件实物

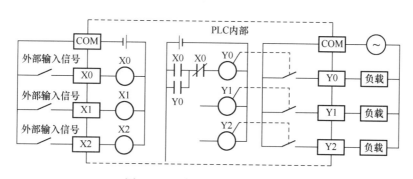

图 3.1.2　输入/输出等效电路图

输入继电器的特点：

1）输入继电器只提供常开与常闭触点供用户使用。

2）每一个输入继电器有无数个常开合触点和常闭断触点。

3）输入继电器触点的状态是由其所接的外部元件的开关状态（断开或闭合）或输入的数字信号（1 或 0）决定的（若是模拟量输入，则应先把它转变为数字量再输入）。

2. 输出继电器（Y）

PLC 输出接口的一个接线点对应一个输出继电器（Y）。输出继电器（Y）不能用外部元件驱动，只能由 PLC 内部程序驱动。每个输出继电器除为内部程序提供无数个常开触点、常闭触点外，还为输出电路提供一个常开触点与输出接线端连接。驱动外部负载电源由用户提供。

PLC 的输出端是由多个输出继电器（Y）组成的，用于向接在 PLC 输出端的执行元件发出控制信号。与输出继电器连接的硬元件通常有灯、电磁阀线圈、接触器线圈等执行元件，以及变频器、步进电动机驱动器等专用设备控制器的控制端。

PLC 输出继电器（Y）每一个输出点对应一个地址编号，地址编号也采用八进制，所以不存在含有 8 和 9 的数值，即地址编号一般为 Y0～Y7、Y10～Y17、Y20～Y27。PLC 输出软元件实物如图 3.1.1 所示，等效电路图如图 3.1.2 所示。

输出继电器的特点：

1）在 PLC 的程序中，每个输出继电器都提供 1 个线圈及与线圈地址相同的无数个动合触点和动断触点供用户使用。

2）当程序中的输出继电器线圈被驱动时，该线圈对应的触点也会相应动作，而接在 PLC 对应的输出继电器端子上的执行元件会同时被驱动。

3）输出继电器根据 PLC 类型的不同可以有多个 COM 接口，以便连接多种不同电压的执行元件，因此更加灵活方便。

PLC 输出继电器连接元件时需要注意以下几点：

1）接在输出端的执行元件工作电流一定要小于输出继电器所控制的硬件触点的允许电流。晶体管输出型 PLC 的输出端每个接点的电流只有 0.5A，而继电器输出型 PLC 的输出端每个接点可驱动纯电阻负载的电流为 2A。

2）继电器输出型 PLC 的输出端可以接工作电压为 AC 220V 以下或 DC 220V 以下的负载，但晶体管输出型 PLC 的输出端只能接工作电压 DC 24V 以下的负载。

3）为了防止负载短路等故障烧坏 PLC 的输出继电器，每个 COM 点都应当设置熔断器或断路器保护。继电器输出型 PLC 应对输出负载设置 2～10A 的熔断器或断路器（安全电压以上应带漏电保护），晶体管输出型 PLC 应对输出负载设置 0.5～2A 的熔断器或断路器。应根据实际需要安装熔断器或断路器，个别有特殊需要的每个 COM 点都要安装熔断器或断路器。

注意：如果基本单元中的输入继电器或输出继电器的数量不能满足设备控制要求，可以在 PLC 基本单元上加装 I/O 的扩展模块。

3.1.2 指令

三菱 PLC 基本的连接与驱动指令有 LD、LDI、AND、ANI、OR、ORI、OUT，以下分别说明各指令的功能及使用。

1. LD、LDI、OUT 指令

LD 称为"取"指令，用于单个常开触点与左母线连接。

LDI 称为"取反"指令，用于单个常闭触点与左母线连接。

OUT 称为"驱动"指令，用于驱动外部负载。

LD、LDI、OUT 指令在程序中的应用如图 3.1.3 所示。

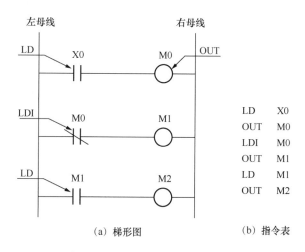

(a) 梯形图　　　　　(b) 指令表

图 3.1.3　LD、LDI、OUT 指令

指令使用说明：

1) LD 和 LDI 指令可以用于软元件 X、Y、M、T、C 和 S。

2) 在一个线圈驱动内只能有一个 LD 或 LDI 指令，且是最上行与左母线相连的触点，如图 3.1.4 所示。

3) OUT 指令可以驱动 Y、M、T、C 和 S 等内部软元件，唯一不能驱动的是输入继电器 X。

4) 对于定时器和计数器，在 OUT 指令之后应设置常数 K 或数据寄存器 D。

2. AND、ANI 指令

AND 称为"与"指令，用于单个常开触点的串联。

ANI 称为"与非"指令，用于单个常闭触点的串联。

AND 和 ANI 指令在程序中的应用如图 3.1.4 所示。

指令使用说明：

1) AND、ANI 的目标元件可以是 X、Y、M、T、C 和 S。

2) 触点串联使用次数不受限制。

3. OR、ORI 指令

OR 称为"或"指令，用于单个常开触点的并联。

ORI 称为"或非"指令，用于单个常闭触点的并联。

OR 和 ORI 指令在程序中的应用如图 3.1.5 所示。

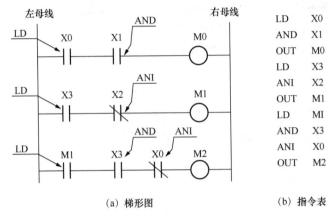

(a) 梯形图 (b) 指令表

图 3.1.4 AND、ANI 指令

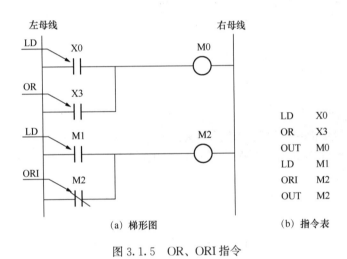

(a) 梯形图 (b) 指令表

图 3.1.5 OR、ORI 指令

3.1.3 PLC 设计的基本原则和步骤

1. PLC 设计原则

（1）最大限度地满足被控对象提出的各项性能指标

为明确控制任务和控制系统应有的功能，设计人员在进行设计前就应深入现场进行调查研究，搜集资料，与机械部分的设计人员和实际操作人员密切配合，共同拟定电气控制方案，以便协同解决在设计过程中出现的各种问题。

（2）确保控制系统的安全可靠

电气控制系统的可靠性就是生命线，不能安全可靠工作的电气控制系统是不可能长期投入生产运行的。尤其是在以提高产品数量和质量、保证生产安全为目标的应用场合，必须将可靠性放在首位，甚至设置为冗余控制系统。

（3）力求控制系统简单

在能够满足控制要求和保证可靠工作的前提下，应力求控制系统构成简单。只有构成简单的控制系统才具有经济性、实用性的特点，才能做到使用方便和维护容易。

（4）留有适当的裕量

考虑到生产规模的扩大、生产工艺的改进、控制任务的增加及维护方便的需要，要充分利用 PLC 易于扩充的特点，在选择 PLC 的容量（包括存储器的容量、机架插槽数、I/O 点的数量等）时应留有适当的裕量。

2.PLC 设计的一般步骤

1）首先要详细分析实际生产的工艺流程、工作特点，控制系统的控制任务、控制过程、控制特点、控制功能，明确输入、输出量的性质，充分了解被控对象的控制要求。

2）绘制 PLC 的 I/O 接线图和 I/O 分配表。

3）根据 PLC I/O 接线图或 I/O 分配表完成 PLC 与外接输入元件和输出元件的接线。

4）根据控制要求，用计算机编程软件编写梯形图程序或指令程序，并将编写好的 PLC 程序从计算机传送到 PLC。

5）执行程序，将程序调试到满足任务的控制要求。

3.1.4　三相异步电动机正反转控制

1. 任务分析

如图 3.1.6 所示是三相异步电动机正反转控制线路，交流接触器 KM1 和 KM2 分别为正反转控制元件，SB1 为正转启动按钮，SB2 为反转启动按钮，SB3 为停止按钮，热继电器 FR 为电动机过载保护。根据分析可知，PLC 需要 4 个输入点、2 个输出点。

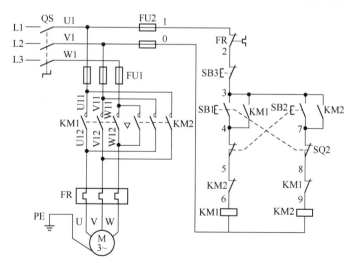

图 3.1.6　三相异步电动机正反转控制线路

2. 绘制 I/O 地址分配表和 I/O 接线图

I/O 地址分配表如表 3.1.1 所示；I/O 接线图如图 3.1.7 所示。

表 3.1.1　三相异步电动机正反转控制 I/O 地址分配表

输入元件	输入地址	定　义	输出元件	输出地址	定　义
SB1	X0	正转启动按钮	KM1	Y0	正转控制接触器
SB2	X1	反转启动按钮	KM2	Y1	反转控制接触器
SB3	X2	停止按钮			
FR	X3	过载保护			

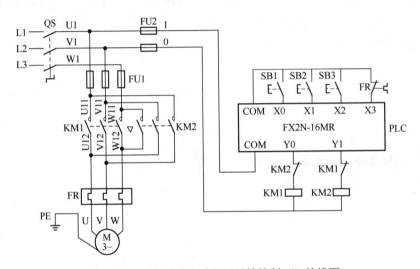

图 3.1.7　三相异步电动机正反转控制 I/O 接线图

注意事项：

1）地址分配表中的输入、输出地址一定要与 I/O 接线图中的地址一致，否则容易造成安装接线、调试错误。

2）I/O 接线图中的输入控制元件，不管在继电器控制线路中同一个元件用了多少个触点，在 PLC 中只用一个触点作为输入点，除热继电器过载保护外，都采用常开触点。

3）绘制 I/O 接线图时，不需要把 PLC 所有的输入、输出点都绘制出来，而是用哪个就绘制哪个。

4）为防止因交流接触器主触点熔焊不能断开而造成的短路事故，在 PLC 外部必须进行硬件联锁。

3. 接线

根据 I/O 接线图完成 PLC 与外接输入元件和输出元件的接线。

1）根据图 3.1.7，先安装、接好控制板，安装完成的控制板如图 3.1.8 所示。

图 3.1.8　安装、接线完成的三相异步电动机正反转控制板

注意事项：

① 组合开关、熔断器的受电端子在控制板外侧。

② 各元件的安装位置整齐、匀称、间距合理，便于元件的更换。

③ 布线通道尽可能少，同路并行导线按主电路、控制电路分类集中、单层密布，紧贴安装面板。

④ 同一平面的导线应高低一致或前后一致，不得交叉。布线应横平竖直、分布均匀，变换方向时应垂直。

⑤ 布线时以接触器为中心，由里向外，由低至高，先电源电路，再控制电路，后主电路，顺序布线，以不妨碍后续布线为原则。

2）控制板与 PLC 输入、输出元件连接（PLC 输入、输出接线端口如图 3.1.9 所示）。接线完成后各端口如图 3.1.10 所示。

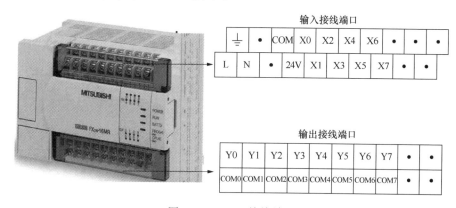

图 3.1.9　PLC 接线端口

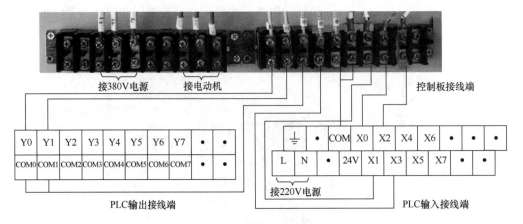

图 3.1.10　接线完成的端口

注意事项：

① 因 FX2N-16MR 每个输出点的 COM 是独立的，且控制对象是一个电压等级（接触器线圈都是 380V），可以将 COM 端口在 PLC 上直接连接在一起。

② PLC 的 220V 工作电源应独立分开，不得与控制板电源接在一起。

③ 控制板与电动机连接。

4. 根据工艺控制要求编写程序

参考程序如图 3.1.11 所示。

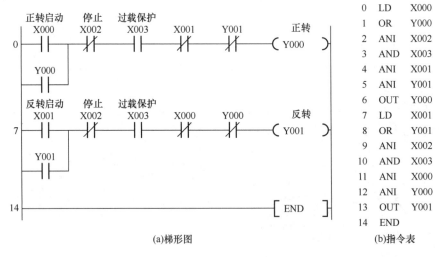

(a)梯形图　　　　　　(b)指令表

图 3.1.11　正反转控制参考程序

注意事项：

1）初学编程时，根据工艺要求，应逐个实现功能，不要急于求成，以免程序中出现过多的错误，修改困难。

2）编程时，外部硬件需要实现联锁功能的，在程序内软元件也应当实现联锁。

3) 在一段程序里只能有一个输出继电器线圈, 如图 3.1.12 所示。

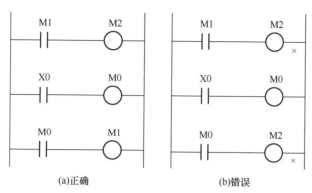

(a)正确   (b)错误

图 3.1.12 示例程序

4) 过载保护在外部硬件的热继电器使用的是常闭触点, 因而在程序内部输入继电器要使用常开触点。这是因为外部硬件用常闭触点, 就使输入继电器线圈构成闭合回路, 则输入继电器的常开触点闭合、常闭触点断开, 如图 3.1.11 中的 X003 所示。

5. 将编写好的程序传送到 PLC

1) 连接好计算机与 PLC 的通信接口, 如图 3.1.13 所示。

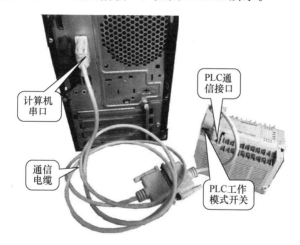

图 3.1.13 PLC 与计算机通信连接

2) 将 PLC 的工作模式开关拨向下方, 将工作模式置于停止模式, 如图 3.1.11 所示。

3) 向 PLC 供电, 将程序传送到 PLC 中。

6. 运行调试

1) 将 PLC 的工作模式开关拨向上方, 将工作模式置于运行模式。

2) 单击编程软件中的监控模式按钮 。

3）操作正反转按钮，观察程序是否正常运行，PLC 上的输出指示灯是否有指示。

4）程序运行正常，将控制板电源开关合上，进行联动运行，仔细观察电动机的运行状态。

3.1.5　实训操作

1. 实训目的

熟练使用基本指令，根据工艺控制要求掌握 PLC 的编程方法和调试方法，能够使用 PLC 解决实际问题。

2. 实训设备

实训设备包括计算机、FX2N-16MR、SC09 通信电缆、开关板（600mm × 600mm）、熔断器、交流接触器、热继电器、组合开关、按钮、行程开关、导线等。

3. 任务要求

根据图 3.1.14 所示的线路，在规定时间内正确完成 PLC 自动往返控制。

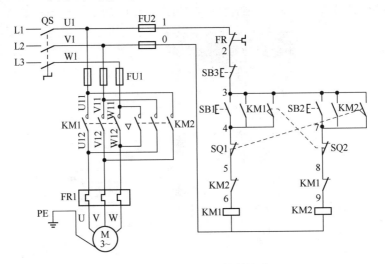

图 3.1.14　自动往返控制线路

4. 注意事项

1）通电前必须在指导教师的监护和允许下进行。

2）要做到安全操作和文明生产。

5. 评分

评分细则见评分表。

"PLC 控制自动往返实训操作"技能自我评分表

项　　目	技术要求	配分/分	评分细则	评分记录
工作前的准备	清点实训操作所需的设备器件	5	每漏检或错检一件，扣 1 分	
绘制 I/O 地址分配表和接线图	正确绘制 I/O 地址分配表和接线图	5	地址遗漏，每处扣 1 分 接线图绘制错误，每处扣 1 分	
安装接线	按照 PLC 控制 I/O 接线图正确、规范安装线路	20	线路布置不整齐、不合理，每处扣 2 分 接线不规范，每根扣 0.5 分 不按 I/O 接线图接线，每处扣 5 分 损坏元件，每个扣 5 分	
程序设计	1. 按照控制要求设计梯形图 2. 将程序熟练写入 PLC 中	40	不能正确达到功能要求，每处扣 5 分	
			地址与 I/O 分配表和接线图不符，每处扣 5 分	
			不会将程序写入 PLC 中，扣 10 分	
			将程序写入 PLC 中不熟练，扣 10 分	
运行调试	正确运行调试	10	不会联机调试程序，扣 10 分 联机调试程序不熟练，扣 5 分 不会监控调试，扣 5 分	
清洁	设备器件、工具摆放整齐，工作台清洁	10	乱摆放设备器件、工具，乱丢杂物，完成任务后不清理工位，扣 10 分	
安全生产	安全着装，按操作规程安全操作	10	没有安全着装，扣 5 分 操作不规范，扣 5 分 出现事故，总分计 0 分	
额定工时 240min	超时，此项从总分中扣分		每超过 5min，扣 3 分	

思　考　题

1. PLC 设计的步骤一般有哪些？
2. PLC 设计的基本原则是什么？
3. 写出图 3.1.15 所示梯形图的指令语句表。
4. 绘出图 3.1.16 所示指令语句表对应的梯形图。

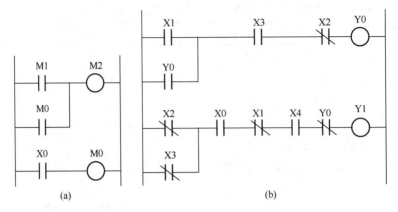

图 3.1.15　思考题 3 图

0	LD	X002		0	LD	X000
1	ORI	X000		1	OR	X001
2	OR	Y000		2	OR	X003
3	AND	X003		3	ANI	X002
4	ANI	Y001		4	AND	Y003
5	OUT	Y000		5	OUT	Y000
6	LD	X001		6	LDI	X003
7	OR	X000		7	ORI	X001
8	OR	Y001		8	OR	Y005
9	AND	X003		9	AND	X005
10	ANI	Y000		10	ANI	X007
11	OUT	Y001		11	OUT	Y005
12	END			12	END	
	(a)				(b)	

图 3.1.16　思考题 4 图

课题 3.2　一个按钮的启停控制

📖 **学习目标**

1. 知道 PLC 软元件辅助继电器（M）的使用。

2. 知道 LDP、LDF、ORP、ORF、ANDP、ANDF、SET、RST、MPS、MRD、MPP 指令的使用。

3. 知道 PLC 与输入部件、控制部件的接线。

4. 通过控制任务设计程序学习提高编程能力。

5. 进一步熟悉 GX Developer 编程软件的使用。

在实际生产应用中，有时为了满足生产工艺操作的要求，往往会用一个按钮或操作开关来实现启动停止，程序如图 3.2.1 所示。

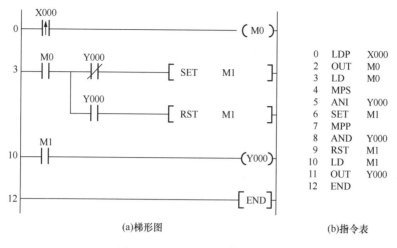

图 3.2.1 一个按钮的启停程序

从图 3.2.1 中可以看出有 M、SET、RST、LDP、MPS 等软元件和指令，它们是什么呢？下面分别学习。

3.2.1 辅助继电器 （M）

M 表示 PLC 中的内部软元件辅助继电器。该辅助继电器不能接收外部的输入信号，也不能直接驱动外部负载，在 PLC 内部只起传递信号的作用，不与 PLC 外部发生联系，是一种内部的状态标志，其作用相当于继电器控制系统中的中间继电器。它的常开、常闭触点在 PLC 内部编程时可无限次使用。该触点不能驱动外部负载，其线圈由 PLC 内各种软元件的触点驱动。辅助继电器（M）地址编号采用十进制。

辅助继电器（M）主要有通用辅助继电器（M0～M499）、断电保持辅助继电器（M500～M3071）、特殊辅助继电器（M8000～M8255）三种类型。

1. 通用辅助继电器 （M0～M499）

FX 系列 PLC 中共有 500 点通用辅助继电器。通用辅助继电器在 PLC 运行时，如果电源突然断电，则全部线圈均为 OFF。当电源再次接通时，除了因外部输入信号而变为 ON 的以外，其余仍将保持 OFF 状态。它们没有断电保护功能。通用辅助继电器常在逻辑运算中用于辅助运算、状态暂存、移位等，这与继电器控制系统中的中间继电器相同。

2. 断电保持辅助继电器 （M500～M3071）

FX 系列 PLC 中共有 2572 点断电保持辅助继电器。它与普通辅助继电器不同的是具有断电保护功能，即能记忆电源中断瞬时的状态，并在重新通电后再现其状态。它之所以能在电源断电时保持原有的状态，是因为电源中断时用 PLC 中的后备锂电池保持它们在映像寄存器中的内容。

　　下面运行如图 3.2.2 所示的两个梯形图，对比说明断电保持辅助继电器的应用。

　　1）首先把图 3.2.2（a）中的梯形图输入并传送到 PLC 中，然后运行并观察。运行的过程是：X0（闭合）→ M10 闭合→Y0 得电，PLC 上 Y0 输出指示灯亮（有输出）→PLC 断电→Y0 失电（没有输出）→PLC 供电→PLC 上 Y0 输出指示仍然没有亮（没有输出）。

　　2）再把图 3.2.2（b）中的梯形图输入并传送到 PLC 中，然后运行并观察。运行的过程是：X0（闭合）→M500 闭合→Y0 得电，PLC 上 Y0 输出指示灯亮（有输出）→PLC 断电→Y0 失电（没有输出）→PLC 供电→PLC 上 Y0 输出指示灯亮（有输出）。

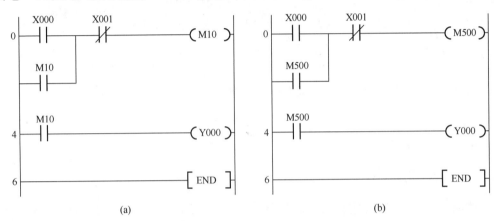

图 3.2.2　断电保持辅助继电器的应用

　　从以上程序的运行可知，断电保持辅助继电器具有"记忆"功能，通常在自动往返和自动化生产线的控制中应用比较多。

　　3. 特殊辅助继电器（M8000～M8255）

　　特殊辅助继电器共 256 点，用来表示 PLC 的某些状态，提供时钟脉冲和标志（如进位、借位标志），设定 PLC 的运行方式，或者用于步进顺序控制、禁止中断、设定计数器是加计数还是减计数等。特殊辅助继电器分为触点型和线圈型两大类。

　　（1）触点型

　　其线圈由 PLC 内部自动驱动（不需要程序），用户只使用其触点。例如：M8000 运行监控常开触点，PLC 运行时一直接通；M8001 运行监控常闭触点，PLC 运行时一直断开；M8002 为初始脉冲，仅在运行开始瞬间接通一次；M8003 仅在运行开始瞬间断开一次；M8011、M8012、M8013、M8014（时钟脉冲）分别产生 10ms、100ms、1s 和 1min 时钟。

　　（2）线圈型

　　由用户程序驱动线圈后 PLC 执行特定的动作。例如：M8033（数据保存）若使其线圈得电，则 PLC 停止时保持输出映像存储器和数据寄存器内容；M8034（禁止输出）若使其线圈得电，则将 PLC 的输出全部禁止。

　　特殊辅助继电器较多，使用时需要查阅编程手册。

3.2.2　指令

1. LDP、LDF、ORP、ORF、ANDP、ANDF 指令

LDP 上升沿指令，用于单个常开触点上升沿与左母线的连接，即外部输入元件不管接通多久，该指令从接通到断开，在接通瞬间只接通一次。

LDF 下降沿指令，用于单个常开触点下降沿与左母线的连接，即该指令外部输入元件从接通到断开，在断开瞬间只接通一次。

ORP 上升沿"或"指令，用于单个常开触点上升沿的并联，即该指令从接通到断开，在接通瞬间只接通一次。

ORF 下降沿"或"指令，用于单个常开触点下降沿的并联，即该指令从接通到断开，在断开瞬间只接通一次。

ANDP 上升沿"与"指令，用于单个常开触点上升沿的串联，即该指令从接通到断开，在接通瞬间只接通一次。

ANDF 下降沿"与"指令，用于单个常开触点下降沿的串联，即该指令从接通到断开，在断开瞬间只接通一次。

LDP、LDF、ORP、ORF、ANDP、ANDF 指令的使用如图 3.2.3 所示。

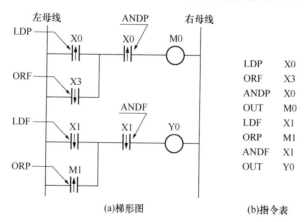

图 3.2.3　LDP、LDF、ORP、ORF、ANDP、ANDF 指令

2. SET、RST 指令

SET 置位指令，主要用于对输出继电器（Y）、辅助继电器（M）、状态继电器（S）等进行置位操作，具有自锁功能。

RST 复位指令，主要用于对输出继电器（Y）、辅助继电器（M）、状态继电器（S）、定时器（T）、计数器（C）等进行复位操作，具有恢复原态（清零）功能。

在图 3.2.4（a）所示的梯形图中，常开接点 X000 一旦接通，即使再断开，Y000 仍保持接通；常开接点 X001 一旦接通，即使再断开，Y000 仍保持断开。图 3.2.4（a）所示的梯形图等效于图 3.2.4（b）所示的梯形图（读者可以对比运行两个梯形图）。

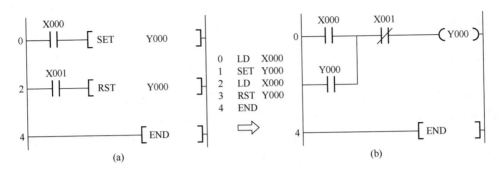

图 3.2.4　SET、RST 指令

SET 和 RST 指令的使用没有顺序限制，并且 SET 和 RST 之间可以插入别的程序，但只有在最后执行的一条才有效。

3. MPS、MRD、MPP 指令

MPS、MRD、MPP 指令是栈指令（又称多重输出指令），MPS 为进栈指令（最上面的），MRD 为读栈指令（中间所有），MPP 为出栈指令（最下面的）。三个指令的使用如图 3.2.5～图 3.2.7 所示。

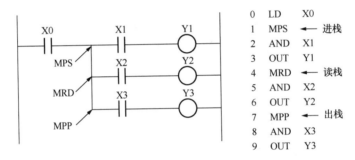

图 3.2.5　MPS、MRD、MPP 指令的使用示例（一）

0	LD	X0	10	OUT	Y4
1	AND	X1	11	MRD	
2	MPS		12	AND	X5
3	AND	X2	13	OUT	Y5
4	OUT	Y0	14	MRD	
5	MPP		15	AND	X6
6	OUT	Y1	16	OUT	Y6
7	LD	X3	17	MPP	
8	MPS		18	AND	X7
9	AND	X4	19	OUT	Y7

图 3.2.6　MPS、MRD、MPP 指令的使用示例（二）

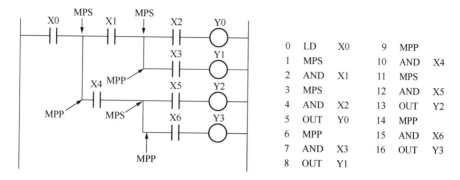

0	LD	X0	9	MPP	
1	MPS		10	AND	X4
2	AND	X1	11	MPS	
3	MPS		12	AND	X5
4	AND	X2	13	OUT	Y2
5	OUT	Y0	14	MPP	
6	MPP		15	AND	X6
7	AND	X3	16	OUT	Y3
8	OUT	Y1			

图 3.2.7　MPS、MRD、MPP 指令的使用示例（三）

注意事项：

1）这三条指令均无操作目标元件。

2）MPS、MPP 指令必须成对使用，而且连续使用应少于 11 次。

3.2.3　一个按钮控制三相异步电动机启停

1. 任务分析

图 3.2.8 所示是三相异步电动机正转控制线路，交流接触器 KM 控制电动机，SB1 为启动按钮，SB2 为停止按钮，热继电器 FR 为电动机过载保护元件。分析可知，PLC 需要 2 个输入点、1 个输出点。

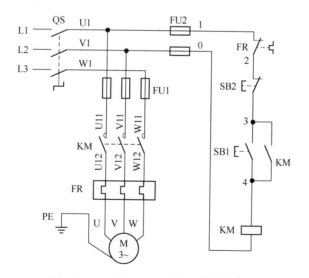

图 3.2.8　三相异步电动机正转控制线路

2. 绘制 I/O 地址分配表和 I/O 接线图

I/O 地址分配表如表 3.2.1 所示；I/O 接线图如图 3.2.9 所示。

表 3.2.1　三相异步电动机正转控制 I/O 地址分配表

输入元件	输入地址	定　义	输出元件	输出地址	定　义
FR	X1	过载保护	KM	Y0	控制接触器
SB1	X2	启动/停止按钮			

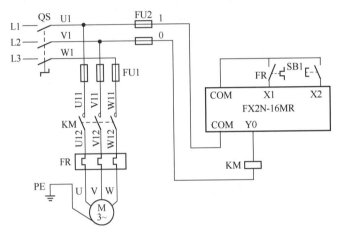

图 3.2.9　三相异步电动机正转控制 I/O 接线图

注意事项：

1）地址分配表中的输入、输出地址一定要与 I/O 接线图中的地址一致，否则容易造成安装接线、调试错误。

2）I/O 接线图中的输入控制元件，不管在继电器控制线路中同一个元件用了多少个触点，在 PLC 中只用一个触点作为输入点，除热继电器过载保护外，都采用常开触点。

3）绘制 I/O 接线图时，不需要把 PLC 所有的输入、输出点都绘制出来，而是用哪个就绘制哪个。

4）为防止因交流接触器主触点熔焊不能断开而造成短路故障，在 PLC 外部必须进行硬件联锁。

3. 接线

根据 I/O 接线图完成 PLC 与外接输入元件和输出元件的接线。

1）根据图 3.2.8 所示，先安装接好控制板，安装完成的控制板如图 3.2.10 所示。

注意事项：

① 组合开关、熔断器的受电端子在控制板外侧。

② 各元件的安装位置整齐、匀称、间距合理，便于元件的更换。

③ 布线通道尽可能少，同路并行导线按主电路、控制电路分类集中、单层密布、紧贴安装面板。

④ 同一平面的导线应高低一致或前后一致，不得交叉。布线应横平竖直、分布均

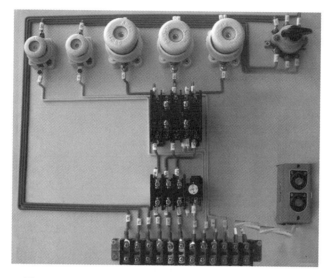

图 3.2.10　安装接线完成的三相异步电动机正转控制板

匀，变换方向时应垂直。

⑤ 布线时以接触器为中心，由里向外，由低至高，先电源电路，再控制电路，后主电路，以不妨碍后续布线为原则。

2) 控制板与 PLC 输入、输出元件连接，接线完成的示意图如图 3.2.11 所示。

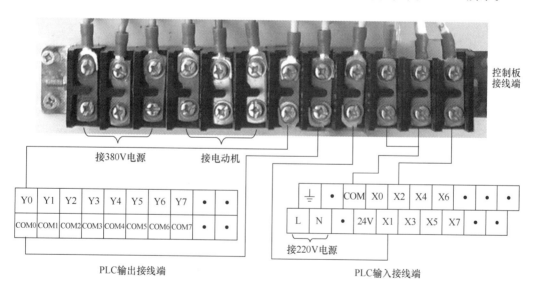

图 3.2.11　接线完成示意图

注意事项：

① 因 FX2N-16MR 每个输出点的 COM 是独立的，且控制对象是一个电压等级（接触器线圈都是 380V），可以把 COM 端口在 PLC 上直接连接在一起。

② PLC 的 220V 工作电源应独立分开，不得与控制板电源接在一起。

③ 控制板与电动机连接。

4. 根据工艺控制要求编写程序

参考程序如图 3.2.12 所示。

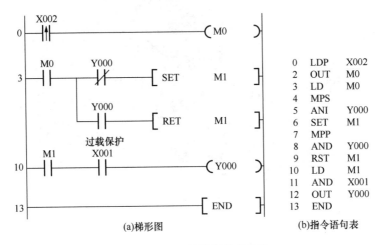

（a）梯形图　　　　　　　　　　（b）指令语句表

图 3.2.12　正转控制参考程序

注意：在本程序中，过载保护还可以设计放在其他位置，请读者考虑。

5. 将编写好的程序传送到 PLC

1）连接好计算机与 PLC。
2）将 PLC 的工作模式开关拨向下方，将工作模式置于停止模式。
3）向 PLC 供电，将程序传送到 PLC 中。

6. 运行调试

1）将 PLC 的工作模式开关拨向上方，将工作模式置于运行模式。
2）打开监控模式。
3）操作启/停按钮，观察程序是否运行正常，PLC 上的输出指示灯是否有指示。
4）程序运行正常，将控制板电源开关合上，进行联动运行，仔细观察电动机的运行状态。

3.2.4　实训操作

1. 实训目的

熟练使用基本指令，根据工艺控制要求掌握 PLC 的编程方法和调试方法，能够使用 PLC 解决实际问题。

2．实训设备

实训设备有计算机、FX2N-16MR、SC09 通信电缆、开关板（600mm×600mm）、熔断器、交流接触器、热继电器、组合开关、按钮、导线等。

3．任务要求

1）完成三相异步电动机正反转分别用一个按钮启/停的 PLC 控制。
2）正反转按钮要求在程序内部实现联锁。

4．注意事项

1）通电前必须在指导教师的监护和允许下进行。
2）要做到安全操作和文明生产。

5．评分

评分细则见评分表。

"一个按钮启/停三相异步电动机正反转实训操作"技能自我评分表

项　　目	技术要求	配分/分	评分细则	评分记录
工作前的准备	清点实训操作所需的设备器件	5	每漏检或错检一件，扣 1 分	
绘制 I/O 地址分配表和接线图	正确绘制 I/O 地址分配表和接线图	5	地址遗漏，每处扣 1 分 接线图绘制错误，每处扣 1 分	
安装接线	按照 PLC 控制 I/O 接线图正确、规范安装线路	20	线路布置不整齐、不合理，每处扣 2 分 接线不规范，每根扣 0.5 分 不按 I/O 接线图接线，每处扣 5 分 损坏元件，每个扣 5 分	
程序设计	1．按照控制要求设计梯形图 2．将程序熟练写入 PLC 中	40	不能正确达到功能要求，每处扣 5 分	
			地址与 I/O 分配表和接线图不符，每处扣 5 分	
			不会将程序写入 PLC 中，扣 10 分	
			程序写入 PLC 中不熟练，扣 10 分	
运行调试	正确运行调试	10	不会联机调试程序，扣 10 分 联机调试程序不熟练，扣 5 分 不会监控调试，扣 5 分	
清洁	设备器件、工具摆放整齐，工作台清洁	10	乱摆放设备器件、工具，乱丢杂物，完成任务后不清理工位，扣 10 分	
安全生产	安全着装，按操作规程安全操作	10	没有安全着装，扣 5 分 操作不规范，扣 5 分 出现事故，总分计 0 分	
额定工时 300min	超时，此项从总分中扣分		每超过 5min，扣 3 分	

思　考　题

1. 查阅《三菱 FX 系列 PLC 编程手册》，了解特殊辅助继电器 M8035、M8036、M8037、M8041、M8042、M8044、M8045、M8235、M8236 的作用。

2. 如图 3.2.13 所示，当 X1 闭合时 Y1 是否有输出？为什么？

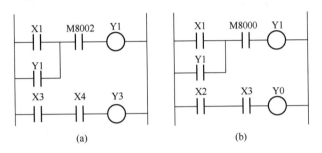

图 3.2.13　思考题 2 图

课题 3.3　延时启停控制

 学习目标

1. 知道 PLC 软元件定时器（T）的使用。
2. 知道 PLC 与输入部件、控制部件的接线。
3. 通过控制任务设计程序学习提高编程能力。
4. 进一步熟悉 GX Developer 编程软件的使用。

某些设备中需要特殊控制，如延时启动、延时停止控制。例如，螺杆式空气压缩机就需要这种控制方式，以保证设备的可靠启动和停止。

在继电器控制线路中，延时用时间继电器实现，而在 PLC 控制中，延时用定时器（T）实现。

3.3.1　定时器（T）

PLC 中的定时器（T）相当于继电器控制系统中的通电型时间继电器，它可以提供无限对常开常闭延时触点。定时器中有一个设定值寄存器（一个字节长）、一个当前值寄存器（一个字节长）和一个用来存储输出触点的映像寄存器（一个二进制位），这三个量使用同一地址编号，但使用场合不一样，意义也不同。定时器（T）地址编号采用十进制。

FX 系列中定时器可分为通用定时器和积算定时器两种。它们是通过对一定周期的时钟脉冲进行累计而实现定时的，时钟脉冲周期有 1ms、10ms、100ms 三种，当计数达到设定值时触点动作。设定值可用常数 K 或数据寄存器 D 的内容设置。

1. 通用定时器

通用定时器不具备断电保持功能，即当输入电路断开或停电时定时器复位。通用定时器有 100ms 和 10ms 两种。

100ms 通用定时器（T0～T199）共 200 点，其中 T192～T199 为子程序和中断服务程序专用定时器。这类定时器是对 100ms 时钟累积计数，设定值为 1～32767（不能超过，否则在 PLC 中非法），所以其定时范围为 0.1～3276.7s。

10ms 通用定时器（T200～T245）共 46 点。这类定时器是对 10ms 时钟累积计数，设定值为 1～32767（不能超过，否则在 PLC 中非法），所以其定时范围为 0.01～327.67s。

注意：不同制造商的 PLC 设定值范围是不一样的。

下面以一个演示实验来说明通用定时器的工作原理。为了能更好地说明，首先根据图 3.3.1（a）所示的接线图做一个简易的实验设备，如图 3.3.1（b）所示。

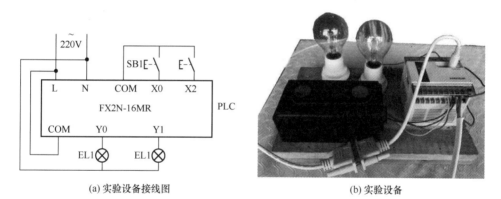

(a) 实验设备接线图　　　　　　　　　　(b) 实验设备

图 3.3.1　简易实验设备

再将如图 3.3.2 所示的程序输入 PLC 中并运行，步骤如下：

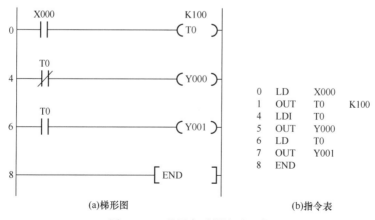

0	LD	X000	
1	OUT	T0	K100
4	LDI	T0	
5	OUT	Y000	
6	LD	T0	
7	OUT	Y001	
8	END		

(a) 梯形图　　　　　　　　　　(b) 指令表

图 3.3.2　通用定时器演示程序

第一步，接通 X0，观察定时器 T0 的线圈和所有触点。此时定时器 T0 线圈的定时数值在变化，而触点都没有变化，Y0 输出则灯 1 亮，Y1 没有输出则灯 2 不亮。

第二步，断开 X0，观察定时器 T0 的线圈和所有触点。此时定时器 T0 线圈的定时数值归 0，而触点仍然都没有变化，Y0 输出则灯 1 亮，Y1 没有输出则灯 2 不亮。

第三步，接通 X0，使定时器定时达到设定值，观察定时器 T0 的线圈和所有触点。此时定时器 T0 线圈下方数值显示为 100（上方的 K100 是设定值），定时器定时时间 T0＝100×0.1s＝10s；T0 的常闭断开，Y0 没有输出则灯 1 不亮，T0 的常开闭合，Y1 有输出则灯 2 亮。

结论：通用定时器不具备断电保持功能，所有触点均为延时触点，不具备自锁功能。

2. 积算定时器

积算定时器具有计数累积的功能。在定时过程中如果断电，积算定时器将保持当前的计数值（当前值），通电后继续累积，即其当前值具有保持功能。只有将积算定时器复位，当前值才变为 0。

1ms 积算定时器（T246～T249）共 4 点，对 1ms 时钟脉冲进行累积计数，定时的时间范围为 0.001～32.767s。

100ms 积算定时器（T250～T255）共 6 点，对 100ms 时钟脉冲进行累积计数，定时的时间范围为 0.1～3276.7s。

下面通过演示实验说明积算定时器的工作原理。将如图 3.3.3 所示的程序输入 PLC 中并运行。仍用图 3.3.1 中的简易实验设备，实验步骤如下：

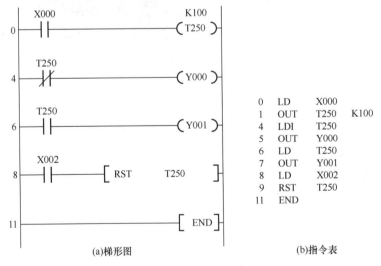

图 3.3.3　积算定时器演示程序

第一步，接通 X0，观察定时器 T250 的线圈和所有触点。此时定时器 T250 线圈的定时数值在变化，而触点都没有变化，Y0 输出则灯 1 亮，Y1 没有输出则灯 2 不亮。

第二步，断开 X0，观察定时器 T250 的线圈和所有触点。此时定时器 T250 线圈的定时数值保持当前值，而触点仍然都没有变化，Y0 输出则灯 1 亮，Y1 没有输出则灯 2

不亮。

第三步，接通 X0，观察定时器 T250 的线圈和所有触点。此时定时器线圈 T250 的定时数值从当前值开始变化，当定时器定时时间达到设定值时，定时器 T250 线圈下方数值显示为 100（上方的 K100 是设定值），定时器定时时间 T250＝100×0.1s＝10s ；T250 的常闭断开，Y0 没有输出则灯 1 不亮，T250 的常开闭合，Y1 有输出则灯 2 亮。

第四步，断开 X0，观察定时器 T250 的线圈和所有触点。此时定时器 T250 线圈仍然维持第三步的状态。

第五步，接通 X2，此时定时器 T250 回到原态。

结论： 通用定时器具有断电保持功能，只有将积算定时器复位，当前值才变为 0。其所有触点均为延时触点，不具备自锁功能。

3. 定时器的使用

（1）定时器断电延时

FX 系列 PLC 中，定时器没有断电延时，只有通电延时闭合，但是可以利用程序实现。如图 3.3.4 所示，当 X0 接通时，Y0 输出并自锁，T0 开始定时，定时 5s 后，定时器 T0 常闭触点断开，Y0 和 T0 也同时断开，实现了延时断开的目的。

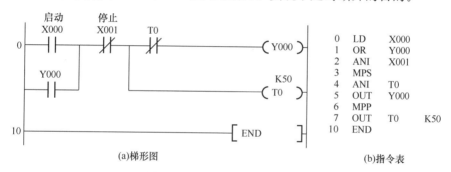

图 3.3.4　定时器断电延时程序

（2）定时器串级使用

FX 系列 PLC 中，定时器定时的长短由常数设定值决定，定时器常数设定值的取值范围为 1～32767，即最长的定时不到 1h。如果需要设计定时为 1h 或更长的时间，则可采用定时器串级使用的方法实现。如图 3.3.5 所示是定时时间为 1h 的延时程序。当 X0 接通时，M0 输出并自锁，T1 开始定时，定时 1800s 后，定时器 T1 常开触点闭合，T2 开始定时，定时 1800s 后，T2 常开触点闭合，Y0 输出。

从 X0 接通到 Y0 产生输出信号，其延时时间为 1800s＋1800s＝3600s＝1h。定时器串级使用就是先启动一个定时器定时，时间一到，用第一个定时器的常开触点控制第二个定时器定时，如此顺序执行，使用最后一个定时器的常开触点控制所要控制的对象。

（3）闪烁控制

闪烁控制应用较多，如交通灯、霓虹灯、闪烁的彩灯等。图 3.3.6 所示是闪烁控制程序。

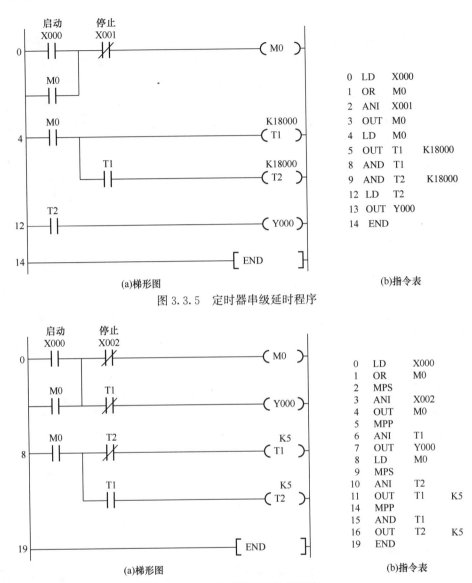

(a)梯形图　　　　　　　　　　　(b)指令表

图 3.3.5　定时器串级延时程序

图 3.3.6　定时器闪烁控制程序

在图 3.3.6 所示的程序中，灯能实现反复闪烁，关键是 T1 的常闭触点的作用。启动后，X0 接通，Y0 接通，灯发光，同时定时器 T1 被驱动。0.5s 后 T1 常闭触点断开，Y0 熄灭，T1 常开触点闭合，T2 被驱动。0.5s 后 T2 常闭触点断开，定时器 T1 失电，T1 常闭触点又复位。这样，当两个定时器触点都复位时，Y0 又重新发光，如此不断地重复。

3.3.2　三相异步电动机延时启停控制

1. 任务分析

图 3.3.7 所示是三相异步电动机延时启停控制线路，交流接触器 KM 控制电动机，

SB1 为延时启动按钮，SB2 为延时停止按钮，热继电器 FR 为电动机过载保护元件。根据分析可知，PLC 需要 3 个输入点、1 个输出点。时间继电器 KT1 和 KT2 用 PLC 内部定时器（T）控制，中间继电器 KA 用 PLC 内部辅助继电器（M）控制。

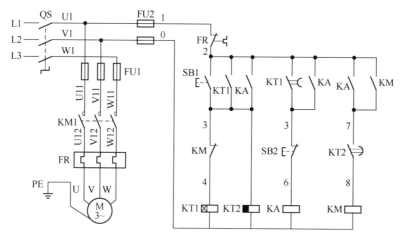

图 3.3.7 三相异步电动机延时启停控制线路

2. 绘制 I/O 地址分配表和 I/O 接线图

I/O 地址分配表如表 3.3.1 所示；I/O 接线图如图 3.3.8 所示。

表 3.3.1 三相异步电动机延时启停控制 I/O 地址分配表

输入元件	输入地址	定　义	输出元件	输出地址	定　义
FR	X0	过载保护	KM	Y0	控制接触器
SB1	X2	启动按钮			
SB2	X4	停止按钮			

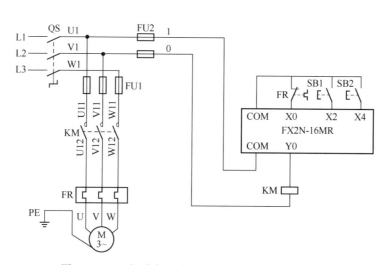

图 3.3.8 三相异步电动机延时启停控制 I/O 接线图

注意事项：

1）地址分配表中的输入、输出地址一定要与 I/O 接线图中的地址一致，否则容易造成安装接线、调试错误。

2）I/O 接线图中的输入控制元件，不管在继电器控制线路中同一个元件用了多少个触点，在 PLC 中只用一个触点作为输入点，除热继电器过载保护外，都采用常开触点。

3）绘制 I/O 接线图时，不需要把 PLC 所有的输入、输出点都绘制出来，而是用哪个就绘制哪个。

4）为防止因交流接触器主触点熔焊不能断开而造成的短路故障，在 PLC 外部必须进行硬件联锁。

3. 接线

根据 I/O 接线图完成 PLC 与外接输入元件和输出元件的接线。

1）根据图 3.3.8 所示，先安装接好控制板，安装完成的控制板如图 3.3.9 所示。

图 3.3.9　安装接线完成的三相异步电动机延时启停控制板

注意事项：

① 组合开关、熔断器的受电端子在控制板外侧。

② 各元件的安装位置整齐、匀称、间距合理，便于元件的更换。

③ 布线通道尽可能少，同路并行导线按主电路、控制电路分类集中、单层密布、紧贴安装面板。

④ 同一平面的导线应高低一致或前后一致，不得交叉。布线应横平竖直、分布均匀，变换方向时应垂直。

⑤ 布线时以接触器为中心，由里向外，由低至高，先电源电路，再控制电路，后主电路，以不妨碍后续布线为原则。

2）控制板与 PLC 输入、输出元件连接，接线完成的示意图如图 3.3.10 所示。

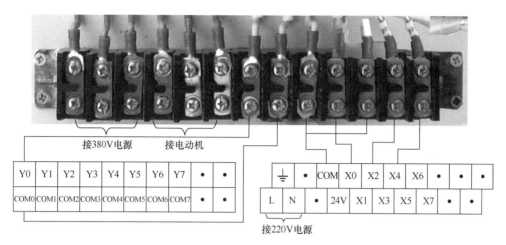

图 3.3.10　接线完成示意图

注意事项：

① 因 FX2N-16MR 每个输出点的 COM 是独立的，且控制对象是一个电压等级（接触器线圈都是 380V），可以把 COM 端口在 PLC 上直接连接在一起。

② PLC 的 220V 工作电源应独立分开，不得与控制板电源接在一起。

③ 控制板与电动机连接。

4. 根据工艺控制要求编写程序

参考程序如图 3.3.11 所示。

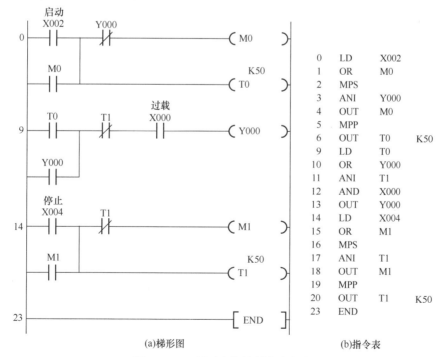

(a)梯形图　　　　　　　　　(b)指令表

图 3.3.11　延时启停控制参考程序

5. 将编写好的程序传送到 PLC

1）连接好计算机与 PLC。

2）将 PLC 的工作模式开关拨向下方，将工作模式置于停止模式。

3）向 PLC 供电，将程序传送到 PLC 中。

6. 运行调试

1）将 PLC 的工作模式开关拨向上方，将工作模式置于运行模式。

2）打开监控模式。

3）操作启/停按钮，观察程序是否运行正常，PLC 上的输出指示灯是否有指示。

4）程序运行正常，将控制板电源开关合上，进行联动运行，仔细观察电动机的运行状态。

3.3.3 实训操作

1. 实训目的

熟练使用基本指令，根据工艺控制要求掌握 PLC 的编程方法和调试方法，能够使用 PLC 解决实际问题。

2. 实训设备

实训设备有计算机、FX2N-16MR、SC09 通信电缆、开关板（600mm×600mm）、熔断器、交流接触器、热继电器、组合开关、按钮、导线等。

3. 任务要求

完成如图 3.3.12 所示的两条传送带延时启动、延时停止 PLC 控制。

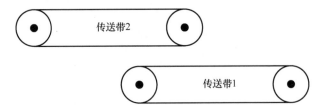

图 3.3.12　传送带示意图

工艺要求如下：

1）传送带 1 启动 2min 后自动启动传送带 2。

2）传送带 2 停止 3min 后自动停止传送带 1。

3）用 10ms 定时器。

4. 注意事项

1）通电前必须在指导教师的监护和允许下进行。
2）要做到安全操作和文明生产。

5. 评分

评分细则见评分表。

"传送带延时启停控制实训操作"技能自我评分表

项　　目	技术要求	配分/分	评分细则	评分记录
工作前的准备	清点实训操作所需的设备器件	5	每漏检或错检一件，扣 1 分	
绘制 I/O 地址分配表和接线图	正确绘制 I/O 地址分配表和接线图	5	地址遗漏，每处扣 1 分 接线图绘制错误，每处扣 1 分	
安装接线	按照 PLC 控制 I/O 接线图正确、规范安装线路	20	线路布置不整齐、不合理，每处扣 2 分 接线不规范，每根扣 0.5 分 不按 I/O 接线图接线，每处扣 5 分 损坏元件，每个扣 5 分	
程序设计	1. 按照控制要求设计梯形图 2. 将程序熟练写入 PLC 中	40	不能正确达到功能要求，每处扣 5 分 地址与 I/O 分配表和接线图不符，每处扣 5 分 不会将程序写入 PLC 中，扣 10 分 将程序写入 PLC 中不熟练，扣 10 分	
运行调试	正确运行调试	10	不会联机调试程序，扣 10 分 联机调试程序不熟练，扣 5 分 不会监控调试，扣 5 分	
清洁	设备器件、工具摆放整齐，工作台清洁	10	乱摆放设备器件、工具，乱丢杂物，完成任务后不清理工位，扣 10 分	
安全生产	安全着装，按操作规程安全操作	10	没有安全着装，扣 5 分 操作不规范，扣 5 分 出现事故，总分计 0 分	
额定工时 360min	超时，此项从总分中扣分		每超过 5min，扣 3 分	

思 考 题

1. 写出图 3.3.13 所示梯形图的指令语句表。

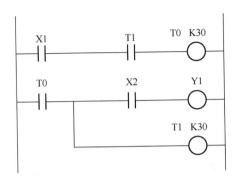

图 3.3.13　思考题 1 图

2. 绘出图 3.3.14 所示指令语句表对应的梯形图。

0	LDI	X1		0	LD	X2
1	OUT	T251 K1000		1	ORI	Y1
2	LD	T251		2	ANI	X0
3	OUT	Y4		3	AND	T1
4	LD	X2		4	AND	X3
5	RST	T251		5	OUT	T0 K50
6	END			6	OUT	Y3
					END	
	(a)				(b)	

图 3.3.14　思考题 2 图

课题 3.4　自动打包控制

 学习目标

1. 知道 PLC 软元件计数器（C）的使用。
2. 知道 PLC 与输入部件、控制部件的接线。
3. 通过控制任务设计程序学习提高编程能力。
4. 进一步熟悉 GX Developer 编程软件的使用。

　　图 3.4.1 所示是自动打包机的示意图，当包装箱（盒）达到设定值（打包数量）时发出信号自动打包。打包数量在 PLC 中是用计数器（C）来实现的。

3.4.1　计数器（C）

　　计数器（C）用于对 PLC 内部编程元件的信号进行计数，当计数值达到设定值时，其触点动作。FX 系列 PLC 计数器分为内部计数器和高速计数器两类，地址编号为十进制。

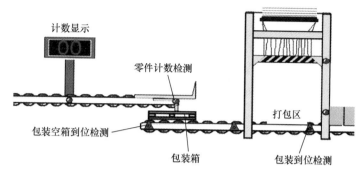

图 3.4.1　自动打包机示意图

1. 内部计数器

内部计数器在执行扫描操作时对内部信号（如 X、Y、M、S、T 等）进行计数。内部输入信号的接通和断开时间应比 PLC 的扫描周期稍长。内部计数器按位数可分为 16 位（bit）增（加）计数器和 32 位（bit）双向计数器。

（1）16 位（bit）增（加）计数器

16 位增（加）计数器的计数设定范围为 1～32767（十进制常数），其设定值可由常数 K 或数据寄存器进行设定。16 位加计数器共有 200 点，其中 C00～C99 为通用型，C100～C199 为断电保持型。当计数过程中出现停电时，普通型计数器的计数值被清除，计数器触点复位，而断电保持型计数器的计数值和触点的状态都被保持。当 PLC 重新接通电源时，断电保持型计数器的计数值从停电前的计数值开始累加计数。

下面分别用一个演示实验来说明 16 位通用型和断电保持型增（加）计数器的工作原理。为了演示清晰，仍然用图 3.3.1 所示的简易实验设备。

1）16 位（bit）通用型增（加）计数器的演示。

将如图 3.4.2 所示的程序输入 PLC 中并运行，步骤如下：

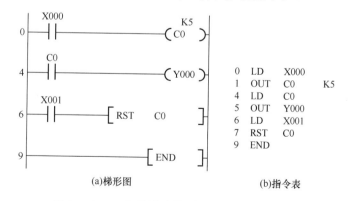

(a)梯形图　　　　　(b)指令表

图 3.4.2　16 位通用型增（加）计数器演示程序

第一步，PLC 接通电源，始终接通 X000，观察 C0 当前的运行状态（C0 为 0）。

第二步，当计数器 C0 计数到 3 次时，断开 PLC 电源，观察 C0 的当前状态（C0 为 0）。

第三步，PLC 接通电源，计数器 C0 达到设定值（5 次）时，观察计数器 C0 和 Y000 的当前状态（C0 为 5，Y000 输出）。

第四步，在达到设定值的基础上，计数信号继续输入，观察计数器 C0 的当前状态（C0 仍然为 5，没有变化）。

第五步，接通 X001，观察计数器 C0 和 Y000 的当前状态（C0 为 0，Y000 没有输出）。

2）16 位（bit）断电保持型增（加）计数器的演示。

将如图 3.4.3 所示的程序输入 PLC 中并运行，步骤如下：

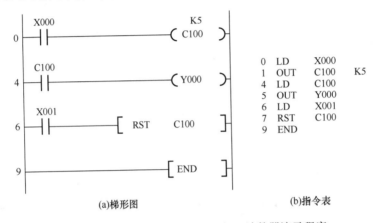

(a)梯形图　　　　　　(b)指令表

图 3.4.3　16 位断电保持型增（加）计数器演示程序

第一步，当计数器 C100 计数到 3 次时，断开 PLC 电源，观察 C100 的当前状态（C100 为 3）。

第二步，在第一步的基础上使计数器 C100 达到设定值，观察计数器 C100 和 Y000 的当前状态（C100 为 5，Y000 输出）。

第三步，在达到设定值的基础上，计数信号继续输入，观察计数器 C0 的当前状态（C100 仍然为 5，没有变化）。

第四步，接通 X001，观察计数器 C100 和 Y000 的当前状态（C100 为 0，Y000 没有输出）。

（2）32 位（bit）双向计数器

32 位（bit）计数器有通用双向计数器 20 个点（C200～C219），断电保持双向计数器 15 个点（C220～C234）。32 位计数器不像 16 位计数器，计数设定值只能是正数，它可以为正也可以为负，计数也具有增、减计数的双向计数功能，但是计数的方向取决于特殊辅助继电器 M8200～M8234 的设定，即对应的特殊辅助继电器 M8200～M8234 置 ON 时为减计数，置 OFF 时为增计数。下面以通用双向计数器为例说明 32 位双向计数器的工作原理。

1）设定值为正。

将如图 3.4.4 所示的程序输入 PLC 中并运行，步骤如下：

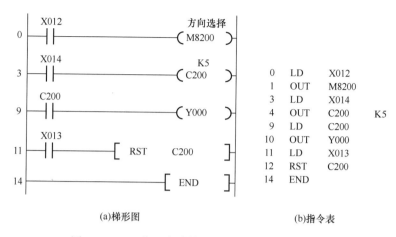

图 3.4.4　32 位双向计数器设定值为正的演示程序

第一步，使 X012 断开，向 X014 输入计数信号 1 次，观察 C200 计数值的变化（此时应为增计数，C200 为 1）。

第二步，当计数器 C200 计数达到设定值时，观察 C200 和 Y000 的当前状态（C200 为 5，Y000 输出）。

第三步，在达到设定值的基础上，计数信号继续输入 2 次，观察计数器 C200 与 Y000 的当前状态（C200 为 7，Y000 输出）。

第四步，接通 X012，计数信号 X014 输入 1 次，观察 C200 计数值的变化（此时应为减计数，C200 为 6）。

第五步，计数信号继续输入，当 C200 的数值小于设定值时，观察计数器 C200 与 Y000 的当前状态（C200 数值小于设定值 5，Y000 没有输出）。

第六步，接通 X013，观察计数器 C200 和 Y000 的当前状态（C200 为 0，Y000 没有输出）。

2）设定值为负。

将如图 3.4.5 所示的程序输入 PLC 中并运行，步骤如下：

第一步，接通 X012，向 X014 输入计数信号 5 次，观察 C200 和 Y000 的当前状态（C200 为 −5，Y000 没有输出），然后继续输入计数信号 2 次（C200 为 −7，Y000 没有输出）。

第二步，断开 X012，输入计数信号，当计数器 C200 计数达到设定值时，观察 C200 和 Y000 的当前状态（C200 为 −5，Y000 输出），然后继续输入信号 2 次，观察 C200 和 Y000 的当前状态（C200 为 −3，Y000 输出）。

第三步，接通 X012，计数信号输入 2 次，观察计数器 C200 和 Y000 的当前状态（C200 为 −5，Y000 输出），然后继续输入信号 1 次，观察 C200 和 Y000 的当前状态（C200 为 −6，Y000 没有输出）。

第四步，重复第二步和第三步，仔细观察 C200 和 Y000 的当前状态。

第五步，接通 X013，观察计数器 C200 和 Y000 的当前状态（C200 为 0，Y000 没有输出）。

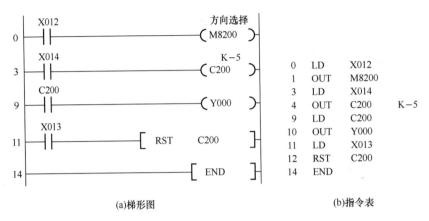

(a)梯形图   (b)指令表

图 3.4.5　32 位双向计数器设定值为负的演示程序

32 位双向计数器的值设定为负时，PLC 第一次运行，计数方向应当先为负，即小于设定负值。

关于 32 位断电保持双向计数器的工作原理，请读者自行演示学习。

2. 高速计数器

FX 系列 PLC 中有 C235～C255 共 21 点高速计数器，也是 32 位，对应的特殊辅助继电器为 M8235～M8255。高速计数器与内部计数器相比，除允许输入频率高之外，应用更加灵活。高速计数器均有断电保持功能，通过参数设定也可以变成非断电保持。适合作为高速计数器计数信号输入的 PLC 输入端口有 X0～X7。X0～X7 不能重复使用，即如果某个信号输入端已被某个高速计数器占用，它就不能再用于其他高速计数器的信号输入端，也不能作为他用。各高速计数器对应的输入端如表 3.4.1 所示。

表 3.4.1　高速计数器输入端简表

计数器	一相一计数输入											一相二计数输入					二相二计数输入				
	C235	C236	C237	C238	C239	C240	C241	C242	C243	C244	C245	C246	C247	C248	C249	C250	C251	C252	C253	C254	C255
X000	U/D						U/D			U/D		U	U		U		A	A		A	
X001		U/D					R			R		D	D		D		B	B		B	
X002			U/D					U/D		U/D		R		R		R		R		R	
X003				U/D				R	U/D	R			U		U		A		A	
X004					U/D			R					D		D		B		B	
X005						U/D							R		R		R		R	
X006							S			S				S				S		S	
X007								S		S				S				S		S	

表3.4.1中，U表示加计数信号输入，D表示减计数信号输入，A表示A相计数信号输入，B表示B相计数信号输入，R为复位输入，S为启动输入。X6、X7只能用作启动信号，不能用作计数信号输入。

以下通过两个示例程序说明高速计数器的工作原理。

（1）一相一计数输入高速计数器

将如图3.4.6所示的程序输入PLC中并运行，步骤如下：

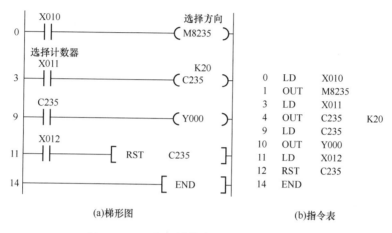

(a)梯形图　　　　　　(b)指令表

图3.4.6　一相一计数高速计数器演示程序

第一步，通断X011若干次，观察C235和Y000的当前状态（C235没有变化，Y000没有输出）。

第二步，断开X011，通断X000计数信号输入端若干次，观察C235和Y000的当前状态（C235没有变化，Y000没有输出）。

第三步，接通X011，然后通断X000计数信号输入端20次，观察计数器C235与Y000的当前状态（C235为20，Y000输出）。观察表明，高速计数器必须选择固定的计数器计数，而且计数信号必须按照表3.4.1中规定的计数信号端输入。

第四步，断开PLC电源后恢复电源，观察计数器C235和Y000的当前状态（C235为20，Y000输出），观察表明高速计数器均有断电保持功能。

第五步，接通X012，观察计数器C235和Y000的当前状态（C235为0，Y000没有输出）。如果为减计数，只需接通X010，使对应的特殊辅助继电器M8235通电即可。

（2）一相二计数输入高速计数器

将如图3.4.7所示的程序输入PLC中并运行，步骤如下：

第一步，接通X011，通断X000计数信号输入端若干次，观察C249和Y000的当前状态（C249没有变化，Y000没有输出）。

第二步，接通X011，接通X006，然后通断X000计数信号输入端20次，观察计数器C249与Y000的当前状态（C249为20，Y000输出）。观察表明，高速计数器在表3.4.1中有规定的置位输入端口时也必须接通，否则无法计数。

第三步，接通X012，观察计数器C249和Y000的当前状态（C249为0，Y000没

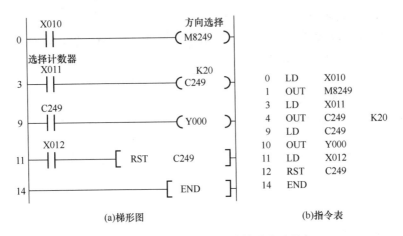

图 3.4.7　一相二计数高速计数器演示程序

有输出）。然后重复第二步，再接通 X002，观察计数器 C249 和 Y000 的当前状态（C249 为 0，Y000 没有输出）。观察表明，高速计数器在表 3.4.1 中有规定的复位输入端口时，在编辑程序时不需要图 3.4.7 中的第 12 句复位程序。

第四步，接通 X010，接通 X006，然后通断 X000 计数信号输入端，观察计数器 C249 的变化（C249 仍然增计数）。再断开 X010，通断 X001 计数信号输入端，观察计数器 C249 的变化（C249 减计数）。观察表明，高速计数器在表 3.4.1 中有规定的减计数输入端口时，计数方向与对应的特殊辅助继电器无关。

通过以上示例程序演示对比可知，高速计数与普通计数相比要注意以下几点：

1）高速计数输入是指定的，不是所有的输入点都可以。

2）输入频率比较低的不要用高速计数。

3）高速计数的数据都是 32 位。

4）对应的所有高速计数频率相加不能大于 PLC 允许的最大值。

3.4.2　打包控制

1. 任务要求

图 3.4.1 所示的自动打包机，系统启动后，包装箱传送带正转，当包装空箱到位检测传感器检测到有包装箱时，包装箱传送带停转，零件传送带启动，输送零件；当包装箱中装满 60 个零件时，零件传送带停止，包装箱传送带反转，将包装箱送到打包区打包。

2. 任务分析

包装箱传送带正反转控制需要两个交流接触器，1 个热继电器过载保护，前进到位和后退到位检测传感器各 1 个；零件传送带需要 1 个交流接触器控制，1 个热继电器过载保护，1 个计数检测传感器；系统启动需要 1 个启动按钮，1 个停止按钮。根据分析可知，PLC 需要 7 个输入点、3 个输出点。

3. 绘制 I/O 地址分配表和 I/O 接线图

I/O 地址分配表如表 3.4.2 所示；I/O 接线图如图 3.4.8 所示。

表 3.4.2 自动打包机控制 I/O 地址分配表

输入元件	输入地址	定　义	输出元件	输出地址	定　义
SB1	X0	启动按钮	KM1	Y0	包装箱传送带正转
SB2	X1	停止按钮	KM2	Y1	包装箱传送带反转
SQ	X2	零件计数检测	KM3	Y2	零件传送带
SQ1	X3	包装箱前进到位			
SQ2	X4	包装箱后退到位			
FR1	X5	包装箱传送带过载保护			
RR2	X6	零件传送带过载保护			

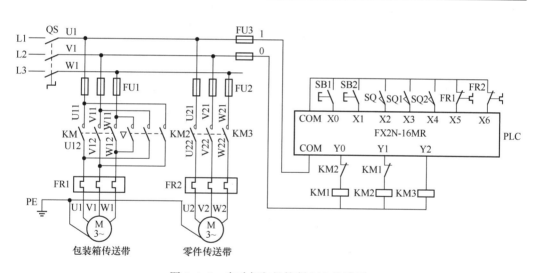

图 3.4.8 自动打包机控制 I/O 接线图

注意事项：

1）地址分配表中的输入、输出地址一定要与 I/O 接线图中的地址一致，否则容易造成安装接线、调试错误。

2）I/O 接线图中的输入控制元件，不管在继电器控制线路中同一个元件用了多少个触点，在 PLC 中只用一个触点作为输入点，除热继电器过载保护外，都采用常开触点。

3）绘制 I/O 接线图时，不需要把 PLC 所有的输入、输出点都绘制出来，而是用哪个就绘制哪个。

4）为防止因交流接触器主触点熔焊不能断开而造成的短路故障，在 PLC 外部必须进行硬件联锁。

4. 接线

根据 I/O 接线图完成 PLC 与外接输入元件和输出元件的接线（因为是实训课题，行程开关和检测传感器用按钮代替）。

1）根据图 3.4.8 所示的接线图，先安装接好控制板，安装完成的控制板如图 3.4.9 所示。

图 3.4.9　自动打包机控制板

注意事项：

① 组合开关、熔断器的受电端子在控制板外侧。

② 各元件的安装位置整齐、匀称、间距合理，便于元件的更换。

③ 保证线槽横平竖直。

④ 线槽间接缝要对齐，尽量避免布放斜向线槽。

⑤ 线槽布局要合理、美观，布放时按"目"字排列。

⑥ 同一平面的导线应高低一致或前后一致，不得交叉。

⑦ 布线时以接触器为中心，由里向外，由低至高，先电源电路，再主电路，后控制电路，以不妨碍后续布线为原则。

2）控制板与 PLC 输入、输出元件连接，接线完成的示意图如图 3.4.10 所示。

注意事项：

① 因 FX2N-16MR 每个输出点的 COM 是独立的，且控制对象是一个电压等级（接触器线圈都是 380V），可以把 COM 端口在 PLC 上直接连接在一起。

② PLC 的 220V 工作电源应独立分开，不得与控制板电源接在一起。

③ 控制板与电动机连接。

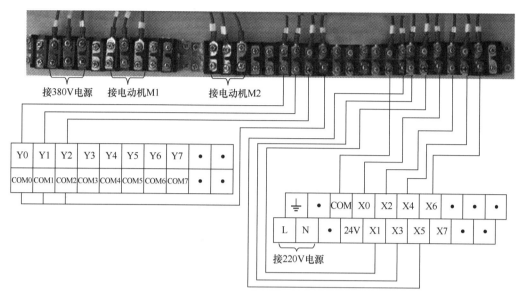

图 3.4.10　接线完成示意图

5. 根据工艺控制要求编写程序

参考程序如图 3.4.11 所示。

6. 将编写好的程序传送到 PLC

1）连接好计算机与 PLC。
2）将 PLC 的工作模式开关拨向下方，将工作模式置于停止模式。
3）向 PLC 供电，将程序传送到 PLC 中。

7. 运行调试

1）将 PLC 的工作模式开关拨向上方，将工作模式置于运行模式。
2）打开监控模式。
3）操作启/停按钮，观察程序是否正常运行，PLC 上的输出指示灯是否有指示。
4）程序运行正常，将控制板电源开关合上，进行联动运行，仔细观察电动机的运行状态。

3.4.3　MC/MCR 指令

在图 3.4.11（b）中可以看到有 MC 和 MCR 两条指令。MC 指令称为主控指令，其功能是：通过 MC 指令的操作元件 Y 或 M 的常开触点将左母线临时移到一个所需的位置，产生一个临时左母线，形成一个主控电路块。MCR 指令称为主控复位指令，其功能是：取消临时左母线，即将左母线返回到原来的位置，结束主控电路块。MCR 指令是主控电路块的终点。

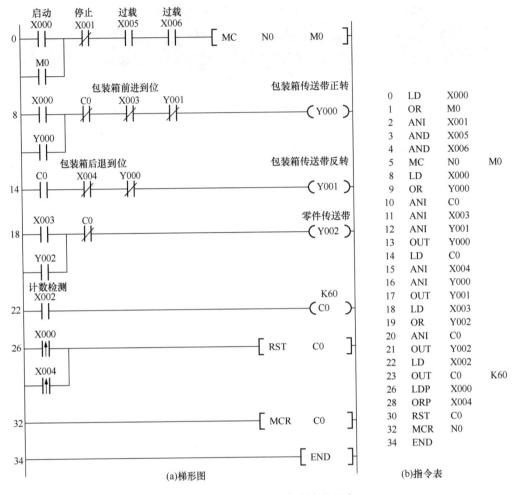

图 3.4.11 自动打包机控制参考程序

这两条指令解决了编程时多个线圈同时受一个或一组触点控制的问题。如果在每个线圈的控制电路中都串入同样的触点，将多占用存储单元。MC、MCR 的应用示例如图 3.4.12 所示。

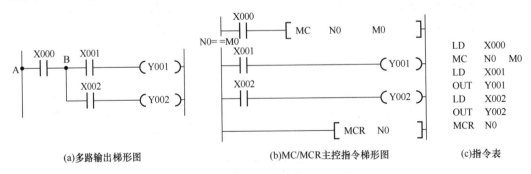

图 3.4.12 MC/MCR 指令的应用（一）

在图 3.4.12（b）所示的梯形图中，当常开触点 X0 闭合时，嵌套层数为 N0 的主控指令执行，辅助继电器 M0 线圈被驱动接通（M0 线圈不能再作他用），辅助继电器 M0 常开触点闭合，此时常开触点 M0 称为主控触点。规定主控触点只能画在垂直方向，使其有别于规定画在水平方向的普通触点（不同版本的编程软件显示不同，如图 3.4.11 所示）。当主控触点 M0 闭合后，左母线由位置 A 临时移到位置 B，接入主控电路块。当 PLC 对主控电路块所有逻辑行逐行进行扫描，执行到 MCR N0 指令时，嵌套层数为 N0 的主控指令结束，临时左母线由 B 点返回 A 点。如果 X0 触点断开，则主控电路块这一段程序不执行。

注意事项：

1）用 MC/MCR 指令编程时，MC 指令和 MCR 指令是成对出现的，缺一不可。在 MC 指令后必须用 MCR 指令使左母线由临时位置返回到原来的位置。

2）MC 指令的操作元件可以是输出继电器 Y 或辅助继电器 M，实际使用时一般都使用辅助继电器 M，但不能用特殊继电器。

3）执行 MC 指令后，因左母线移到临时位置，即主控电路块前，所以主控电路块必须用 LD 指令或 LDI 指令开始写指令语句表，主控电路块中触点之间的逻辑关系可以用触点连接的基本指令表示。

4）MC/MCR 指令可以嵌套使用，即 MC 指令内可以再使用 MC 指令，这时嵌套级编号是从 N0 到 N7 按顺序增加，顺序不能颠倒。最后主控返回用 MCR 指令时，必须从大的嵌套级编号开始返回，也就是按 N7 到 N0 的顺序返回，不能颠倒，最后一定是 MCR N0 指令，如图 3.4.13 所示。

3.4.4 实训操作

1. 实训目的

熟练使用基本指令，根据工艺控制要求掌握 PLC 的编程方法和调试方法，能够使用 PLC 解决实际问题。

2. 实训设备

实训设备有计算机、FX2N-16MR、SC09 通信电缆、开关板（600mm×600mm）、熔断器、交流接触器、热继电器、组合开关、按钮、导线等。

3. 任务要求

用主控指令 MC/MCR 完成如图 3.4.14 所示的 Y-△降压启动 PLC 控制。

4. 注意事项

1）通电前必须在指导教师的监护和允许下进行。
2）要做到安全操作和文明生产。

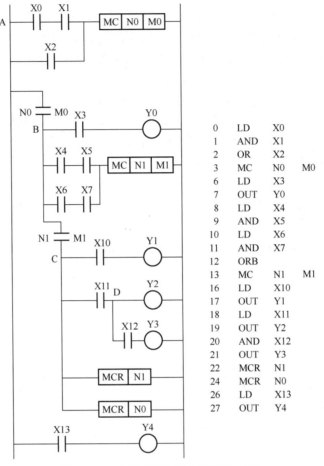

图 3.4.13 MC/MCR 指令的应用（二）

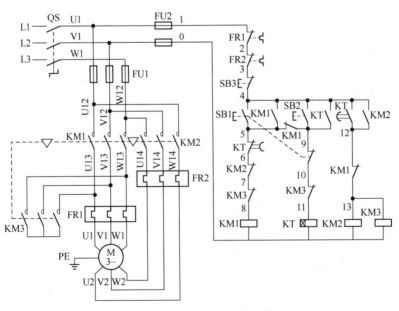

图 3.4.14 Y-△降压启动控制线路

5. 评分

评分细则见评分表。

"Y-△降压启动控制实训操作"技能自我评分表

项　目	技术要求	配分/分	评分细则	评分记录
工作前的准备	清点实训操作所需的设备器件	5	每漏检或错检一件，扣 1 分	
绘制 I/O 地址分配表和接线图	正确绘制 I/O 地址分配表和接线图	5	地址遗漏，每处扣 1 分 接线图绘制错误，每处扣 1 分	
安装接线	按照 PLC 控制 I/O 接线图正确、规范安装线路	20	线路布置不整齐、不合理，每处扣 2 分 接线不规范，每根扣 0.5 分 不按 I/O 接线图接线，每处扣 5 分 损坏元件，每个扣 5 分	
程序设计	1. 按照控制要求设计梯形图 2. 将程序熟练写入 PLC 中	40	不能正确达到功能要求，每处扣 5 分	
			地址与 I/O 分配表和接线图不符，每处扣 5 分	
			不会将程序写入 PLC 中，扣 10 分	
			将程序写入 PLC 中不熟练，扣 10 分	
运行调试	正确运行调试	10	不会联机调试程序，扣 10 分 联机调试程序不熟练，扣 5 分 不会监控调试，扣 5 分	
清洁	设备器件、工具摆放整齐，工作台清洁	10	乱摆放设备器件、工具，乱丢杂物，完成任务后不清理工位，扣 10 分	
安全生产	安全着装，按操作规程安全操作	10	没有安全着装，扣 5 分 操作不规范，扣 5 分 出现事故，总分计 0 分	
额定工时 360min	超时，此项从总分中扣分		每超过 5min，扣 3 分	

思　考　题

1. 绘出图 3.4.15 所示指令语句表对应的梯形图。
2. 写出图 3.4.16 所示梯形图的指令语句表。

```
0  LD   X0              7  OUT  Y1
1  MC   N0  M100        8  MCR  N1
2  LD   X1              9  LD   X4
3  OUT  Y0             10  OUT  Y2
4  LD   X2             11  MCR  N0
5  MC   N1  M101       END
6  LD   X3
```

图 3.4.15　思考题 1 图

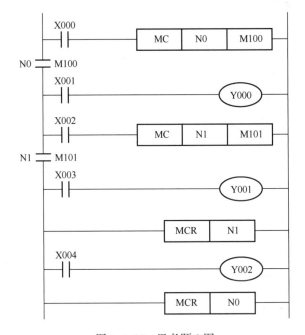

图 3.4.16　思考题 2 图

课题 3.5　隧道通风系统周期控制

📖 **学习目标**

1. 知道 PLC 软元件计数器（C）的使用。

2. 知道 MC/MCR 指令的使用。

3. 知道 PLC 与输入部件、控制部件的接线。

4. 通过控制任务设计程序学习提高编程能力。

5. 进一步熟悉 GX Developer 编程软件的使用。

3.5.1　控制要求

图 3.5.1 所示为某隧道通风系统，该通风系统由三台通风机对隧道换气通风。

图 3.5.1　隧道通风系统

当有车辆驶入隧道时，1#通风机启动运行，1#通风机累积运行 7 天后启动 2#通风机，2#通风机累积运行 7 天后启动 3#通风机，3#通风机累积运行 7 天后启动 1#通风机，如此循环运行。

3.5.2　PLC 控制程序设计及安装调试

1. 任务分析

隧道通风系统有三台通风机，需要 3 个交流接触器控制，3 个热继电器过载保护，车辆流入、流出检测传感器各 1 个；系统启动需要 1 个启动按钮，1 个停止按钮。分析可知，PLC 需要 7 个输入点、3 个输出点。

2. 绘制 I/O 地址分配表和 I/O 接线图

I/O 地址分配表如表 3.5.1 所示；I/O 接线图如图 3.5.2 所示。

表 3.5.1　自动打包机控制 I/O 地址分配表

输入元件	输入地址	定　义	输出元件	输出地址	定　义
SB1	X0	启动按钮	KM1	Y0	1#通风机
SB2	X1	停止按钮	KM2	Y1	2#通风机
SQ1	X2	车辆流入检测	KM3	Y2	3#通风机
SQ2	X3	车辆流出检测			
FR1	X4	1#通风机过载保护			
RR2	X5	2#通风机过载保护			
FR3	X6	3#通风机过载保护			

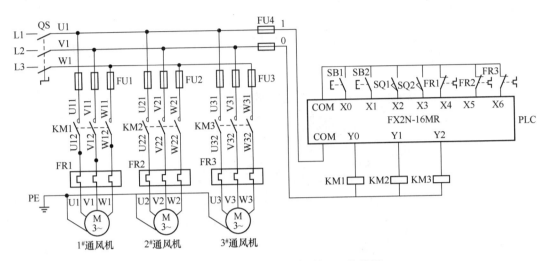

图 3.5.2　隧道通风系统控制 I/O 接线图

注意事项：

1）地址分配表中的输入、输出地址一定要与 I/O 接线图中的地址一致，否则容易造成安装接线、调试错误。

2）I/O 接线图中的输入控制元件，不管在继电器控制线路中同一个元件用了多少个触点，在 PLC 中只用一个触点作为输入点，除热继电器过载保护外，都采用常开触点。

3）绘制 I/O 接线图时，不需要把 PLC 所有的输入、输出点都绘制出来，而是用哪个就绘制哪个。

4）为防止因交流接触器主触点熔焊不能断开而造成的短路故障，在 PLC 外部必须进行硬件联锁。

3. 接线

根据 I/O 接线图完成 PLC 与外接输入元件和输出元件的接线（因为是实训课题，行程开关和检测传感器用按钮代替）。

1）根据图 3.5.2 所示，先安装接好控制板，安装完成的控制板如图 3.5.3 所示。

注意事项：

① 组合开关、熔断器的受电端子在控制板外侧。

② 各元件的安装位置整齐、匀称、间距合理，便于元件的更换。

③ 保证线槽横平竖直。

④ 线槽间接缝要对齐，尽量避免布放斜向线槽。

⑤ 线槽布局要合理、美观，布放按"目"字排列。

⑥ 同一平面的导线应高低一致或前后一致，不得交叉。

⑦ 布线时以接触器为中心，由里向外，由低至高，先电源电路，再主电路，后控制电路，以不妨碍后续布线为原则。

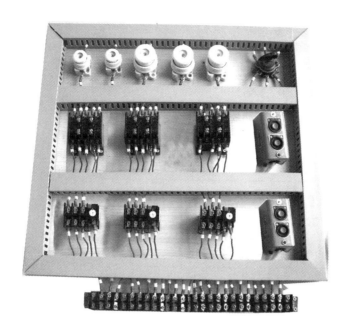

图 3.5.3　隧道通风系统控制板

2）控制板与 PLC 输入、输出元件连接，接线完成的示意图如图 3.5.4 所示。

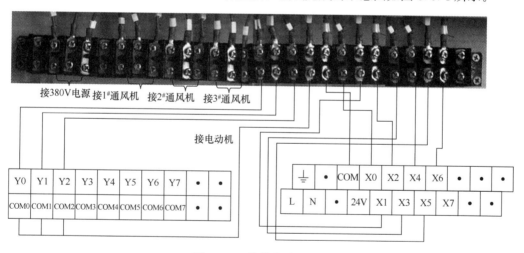

图 3.5.4　接线完成示意图

注意事项：

① 因 FX2N-16MR 每个输出点的 COM 是独立的，且控制对象为一个电压等级（接触器线圈都是 380V），可以把 COM 端口在 PLC 上直接连接在一起。

② PLC 的 220V 工作电源应独立分开，不得与控制板电源接在一起。

3）控制板与电动机连接。

4. 根据工艺控制要求编写程序

参考程序如图 3.5.5 所示。

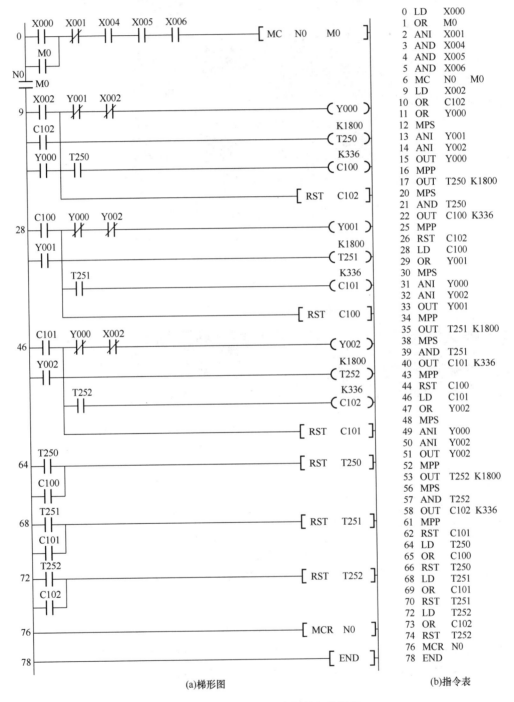

(a)梯形图   (b)指令表

图 3.5.5　隧道通风系统控制参考程序

注意：用定时器和计数器实现累积时间为 7 天。在程序设计时要考虑到断电情况，所以采用断电保持的定时器和计数器。

5. 将编写好的程序传送到 PLC

1）连接好计算机与 PLC。

2）将 PLC 的工作模式开关拨向下方，将工作模式置于停止模式。

3）向 PLC 供电，将程序传送到 PLC 中。

6. 运行调试

1）将 PLC 的工作模式开关拨向上方，将工作模式置于运行模式。

2）打开监控模式。

3）操作启/停按钮，观察程序是否正常运行，PLC 上的输出指示灯是否有指示。

4）程序运行正常，将控制板电源开关合上，进行联动运行，仔细观察电动机的运行状态。

3.5.3　实训操作

1. 实训目的

熟练使用基本指令，根据工艺控制要求掌握 PLC 的编程方法和调试方法，能够使用 PLC 解决实际问题。

2. 实训设备

实训设备有计算机、FX2N-16MR、SC09 通信电缆、开关板（600mm ×600mm）、熔断器、交流接触器、热继电器、组合开关、按钮、导线等。

3. 任务要求

某自来水供水站有三台供水水泵，控制要求如下：第一台供水水泵启动运行，第一台供水水泵运行一个月后第二台供水水泵运行，第二台供水水泵运行一个月后第三台供水水泵运行，第三台供水水泵运行一个月后第一台水泵运行，如此循环运行一年后，自动全部停止运行并发出声光警报。

4. 注意事项

1）通电前必须在指导教师的监护和允许下进行。

2）要做到安全操作和文明生产。

5. 评分

评分细则见评分表。

"供水泵周期控制实训操作"技能自我评分表

项　目	技术要求	配分/分	评分细则	评分记录
工作前的准备	清点实训操作所需的设备器件	5	每漏检或错检一件，扣1分	
绘制I/O地址分配表和接线图	正确绘制I/O地址分配表和接线图	5	地址遗漏，每处扣1分 接线图绘制错误，每处扣1分	
安装接线	按照PLC控制I/O接线图正确、规范安装线路	20	线路布置不整齐、不合理，每处扣2分 接线不规范，每根扣0.5分 不按I/O接线图接线，每处扣5分 损坏元件，每个扣5分	
程序设计	1. 按照控制要求设计梯形图 2. 熟练将程序写入PLC中	40	不能正确达到功能要求，每处扣5分 地址与I/O分配表和接线图不符，每处扣5分 不会将程序写入PLC中，扣10分 将程序写入PLC中不熟练，扣10分	
运行调试	正确运行调试	10	不会联机调试程序，扣10分 联机调试程序不熟练，扣5分 不会监控调试，扣5分	
清洁	设备器件、工具摆放整齐，工作台清洁	10	乱摆放设备器件、工具，乱丢杂物，完成任务后不清理工位，扣10分	
安全生产	安全着装，按操作规程安全操作	10	没有安全着装，扣5分 操作不规范，扣5分 出现事故，总分计0分	
额定工时400min	超时，此项从总分中扣分		每超过5min，扣3分	

思 考 题

　　1. 如图3.5.6所示的简易交通灯示意图，系统启动后红灯点亮10s，红灯点亮10s后黄灯闪烁5s（间隔0.5s），黄灯闪烁5s后绿灯点亮20s，绿灯点亮20s后熄灭，等待下次启动。试设计并绘出PLC控制程序。

　　2. 用特殊辅助继电器M8012与计数器设计一个1小时控制程序。

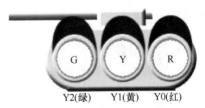

图3.5.6　思考题1图

G　　Y　　R

Y2(绿)　Y1(黄)　Y0(红)

课题 3.6　基本指令综合实训

📖 学习目标

1. 熟练使用基本指令。
2. 通过控制任务设计程序学习提高编程能力。
3. 进一步熟悉 GX Developer 编程软件的使用。

1. 实训要求

（1）绘制 I/O 地址分配表和 I/O 接线图

注意事项：

1）地址分配表中的输入、输出地址一定要与 I/O 接线图中的地址一致，否则容易造成安装接线、调试错误。

2）I/O 接线图中的输入控制元件，不管在继电器控制线路中同一个元件用了多少个触点，在 PLC 中只用一个触点作为输入点，除热继电器过载保护外，都采用常开触点。

3）绘制 I/O 接线图时，不需要把 PLC 所有的输入、输出点都绘制出来，而是用哪个就绘制哪个。

4）为防止因交流接触器主触点熔焊不能断开而造成的短路故障，在 PLC 外部必须进行硬件联锁。

（2）接线

根据 I/O 接线图完成 PLC 与外接输入元件和输出元件的接线。

注意事项：

1）组合开关、熔断器的受电端子在控制板外侧。

2）各元件的安装位置整齐、匀称、间距合理，便于元件的更换。

3）保证线槽横平竖直。

4）线槽间接缝要对齐，尽量避免布放斜向线槽。

5）线槽布局要合理、美观，布放时按"目"字排列。

6）同一平面的导线应高低一致或前后一致，不得交叉。

7）布线时以接触器为中心，由里向外，由低至高，先电源电路，再主电路，后控制电路，以不妨碍后续布线为原则。

8）控制对象为一个电压等级，可以把 COM 端口在 PLC 上直接连接在一起。

9）PLC 的 220V 工作电源应独立分开，不得与控制板电源接在一起。

（3）编写程序

根据工艺控制要求编写程序，并将程序写入 PLC。

（4）程序调试

进行程序调试，使结果符合控制要求。

2. 实训设备

实训设备有计算机、FX2N 系列 PLC、SC09 通信电缆、开关板（600mm×600mm）、熔断器、交流接触器、热继电器、组合开关、按钮、信号灯、导线等。

3. 实训任务

（1）8 人智力竞赛抢答器（额定工时 240min）

如图 3.6.1 所示，设计一个 8 人智力竞赛抢答器。

控制要求：某参赛选手抢先按下自己的按钮时，则该选手抢答台上的指示灯点亮，同时联锁其他参赛选手的输入信号无效。主持人按复位按钮清除后，比赛继续进行。

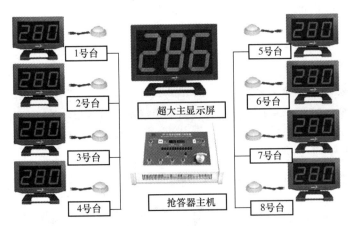

1号台　2号台　3号台　4号台
超大主显示屏
抢答器主机
5号台　6号台　7号台　8号台

图 3.6.1　8 人智力竞赛抢答器示意图

（2）交通灯控制（额定工时 360min）

如图 3.6.2 所示为交通灯控制系统示意图。

信号灯受一个启动开关控制，当启动开关接通时，信号灯系统开始工作，且先南北红灯亮，东西绿灯亮。当启动开关断开时，所有信号灯都熄灭。

南北红灯亮维持 25s，在南北红灯亮的同时东西绿灯也亮，并维持 20s；到 20s 时，东西绿灯闪亮，闪亮 3s 后熄灭；在东西绿灯熄灭时，东西黄灯亮，并维持 2s；到 2s 时，东西黄灯熄灭，东西红灯亮，同时南北红灯熄灭，绿灯亮。

东西红灯亮维持 30s；南北绿灯亮维持 25s，闪亮 3s 后熄灭；同时南北黄灯亮，维持 2s 后熄灭，这时南北红灯亮，南北绿灯亮。如此周而复始。

（3）水塔液位控制（额定工时 360min）

如图 3.6.3 所示为水塔液位控制系统示意图。

当水池水位低于下限液位时，进水电磁阀打开，进水；当水池水位高于水池上限液位时，进水电磁阀关闭。

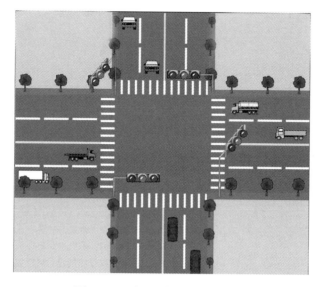

图 3.6.2　交通灯控制系统示意图

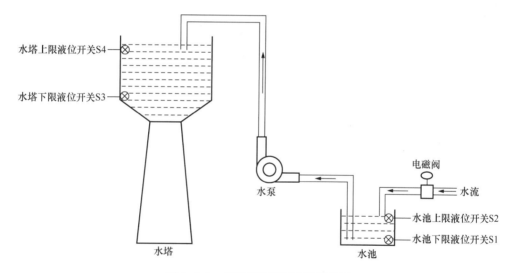

图 3.6.3　水塔液位控制系统示意图

当水塔水位低于水塔下限液位时，水泵电动机 M 运转，开始抽水；当水塔水位高于水塔上限液位时，水泵电动机 M 停止。

如果水池水位低于下限液位，即使水塔水位低于水塔下限液位，水泵电动机 M 仍然停止。只有水池水位高于下限液位，水泵电动机 M 才能运转。

4. 注意事项

1）通电前必须在指导教师的监护和允许下进行。

2）要做到安全操作和文明生产。

5. 评分

评分细则见评分表。

"基本指令综合实训"技能自我评分表

项　　目	技术要求	配分/分	评分细则	评分记录
工作前的准备	清点实训操作所需的设备器件	5	每漏检或错检一件，扣1分	
绘制I/O地址分配表和接线图	正确绘制I/O地址分配表和接线图	5	地址遗漏，每处扣1分 接线图绘制错误，每处扣1分	
安装接线	按照PLC控制I/O接线图正确、规范安装线路	20	线路布置不整齐、不合理，每处扣2分 接线不规范，每根扣0.5分 不按I/O接线图接线，每处扣5分 损坏元件，每个扣5分	
程序设计	1. 按照控制要求设计梯形图 2. 将程序熟练写入PLC中	40	不能正确达到功能要求，每处扣5分	
			地址与I/O分配表和接线图不符，每处扣5分	
			不会将程序写入PLC中，扣10分	
			将程序写入PLC中不熟练，扣10分	
运行调试	正确运行调试	10	不会联机调试程序，扣10分 联机调试程序不熟练，扣5分 不会监控调试，扣5分	
清洁	设备器件、工具摆放整齐，工作台清洁	10	乱摆放设备器件、工具，乱丢杂物，完成任务后不清理工位，扣10分	
安全生产	安全着装，按操作规程安全操作	10	没有安全着装，扣5分 操作不规范，扣5分 出现事故，总分计0分	
额定工时 （根据每个实训任务要求的工时确定）	超时，此项从总分中扣分		每超过5min，扣3分	

思　考　题

1. 浏览网站或查阅三菱《PLC编程手册》，了解学习时序图。

2. 如图 3.6.4 所示，根据梯形图画出时序图。

3. 如图 3.6.5 所示，根据时序图画出梯形图。

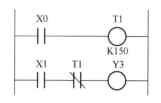

图 3.6.4　思考题 2 图

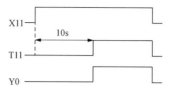

图 3.6.5　思考题 3 图

单元 4 步进指令的应用

步进指令常用于时间和位移等顺序控制的操作过程。FX 系列可编程序控制器的步进指令编程元件是状态继电器 S0~S899，共 900 点。步进指令均由后备电池提供支持。使用步进指令时，先设计状态流程图，状态流程图中的每个状态表示顺序工作的一个操作，再将状态流程图翻译成步进梯形图。状态流程图和步进梯形图可以直观地表示顺序操作的流程，而且可以减少指令程序的条数，并容易被人们理解。

课题 4.1　步进编程步骤与步进指令

 学习目标

1. 掌握步进指令 STL、RET 的使用。
2. 会使用状态继电器（S）。
3. 知道 PLC 步进指令编程设计的基本原则和步骤。
4. 知道状态流程图在 GX Developer 编程软件中的使用。

在前面学习基本指令编程、分析生产工艺过程对控制的要求中，会发现不少生产过程都可以划分为若干个工序，每个工序对应一定的机构动作。在满足某些条件后，又从一个工序转为另一个工序，通常这种控制被称为顺序控制。对于顺序控制的梯形图，FX 系列 PLC 设置了专门用于顺序控制或称为步进控制的指令 STL 和 RET。

顺序控制是按顺序一步一步进行控制的，是否进入下一步取决于转换条件是否满足。转换条件可以是时间条件，也可以是被控过程中的反馈信号，实际生产中往往是两者的紧密结合。顺序控制与逻辑控制不同，逻辑控制主要描述输入输出信号间的静态关系，而顺序控制则主要描述输入输出信号间的时间关系，所以顺序控制的基本结构可以用状态流程描述。

状态流程图是专用于工业顺序控制程序设计的一种功能说明性语言，是描述控制系统的控制过程、功能和特性的一种图形，是分析、设计 PLC 顺序控制程序的一种有力工具，具有简单、直观等特点。

4.1.1　步进编程的步骤

首先要根据系统的工作过程设计状态流程图，即将控制过程分解成若干个连续的阶段，这些阶段称为"状态"或"步"。每一状态都要完成一定的操作。状态与状态（步与步）之间由转换条件分隔。当相邻两步之间的转换条件得到满足时，转换得以实现，即上一步的活动结束而下一步的活动开始，因此不会出现步活动相互重叠的情况。然后将状态流程图转换成梯形图，其步骤如下：

1）详细分析实际生产的工艺流程、工作特点及控制系统的控制任务、控制过程、控制特点、控制功能，明确输入、输出量的性质，充分了解被控对象的控制要求。

2）绘制 PLC 的 I/O 接线图和 I/O 分配表。

3）根据机械运动或工艺过程的工作内容、步骤、顺序和控制要求，对控制过程进行分解，并按顺序排列各个工序，对应每个工序分配一个不同的状态继电器，不同的状态继电器对应不同的 PLC 输出继电器或其他编程元件。

4）根据 PLC I/O 接线图或 I/O 分配表完成 PLC 与外接输入元件和输出元件的接线。

5）用不同的 PLC 输入继电器或其他编程元件定义状态转换条件。当某转换条件的实现内容不止一个时，每个内容均要定义一个 PLC 元件编号，以逻辑组合的形式表现出来，并画出状态流程图。

6）根据控制要求，用计算机编程软件编写梯形图程序或指令程序，并将编写好的 PLC 程序从计算机传送到 PLC。

7）执行程序，将程序调试到满足任务的控制要求。

4.1.2　状态继电器（S）

状态继电器（S）是构成状态流程图的重要软元件，它用来记录系统运行中的状态，与后述的步进顺控指令 STL 配合应用。

1. 状态继电器的类型

状态继电器有以下五种类型：

1）初始状态继电器 S0～S9，共 10 点。

2）回零状态继电器 S10～S19，共 10 点。

3）通用状态继电器 S20～S499，共 480 点。

4）保持状态继电器 S500～S899，共 400 点。

5）报警用状态继电器 S900～999，共 100 点。这 100 个状态继电器可用作外部故障诊断输出。

2. 使用状态继电器时的注意事项

1）状态继电器与辅助继电器一样有无数的常开和常闭触点。

2）状态继电器不与步进顺控指令 STL 配合使用时，可作为辅助继电器（M）

使用。

3）可通过程序设定将 S0～S499 设置为有断电保持功能的状态继电器。

S0～S499 没有断电保持功能，但是可以用程序将它们设定为有断电保持功能的状态。状态继电器的常开、常闭触点在 PLC 内可以使用，且使用次数不限。不用步进顺控指令时，状态继电器 S 可以作辅助继电器在程序中使用。此外，每一个状态继电器还提供一个步进触点，称为 STL 触点，在步进控制的梯形图中使用。不使用步进指令时，状态继电器也可当作辅助继电器使用。

4.1.3 步进指令

FX 系列 PLC 除了基本指令以外还有步进触点 STL 及步进复位 RET 两条步进指令，其目标元件是状态继电器（S），这样就可以用类似于 SFC 语言的状态流程图方式编程。

步进指令只能与状态继电器配合使用。FX 系列 PLC 的状态继电器元件有 900 点（S0～S899）。状态继电器 S 可以像普通辅助继电器一样，使用 OUT、SET、RST 等输出指令和 LD、AND、OR 等触点连接指令，在这种情况下，它的功能与有断电保持功能的辅助继电器 M 完全相同。但当状态继电器 S 与 STL 指令一起使用时，其功能就不一样了。

STL 指令只可对状态继电器 S 的触点使用，用 ─▮▮─ 表示。RET 为步进返回指令，用于步进触点返回左侧母线。STL 和 RET 指令要配合使用。

1. 步进梯形指令的功能

STL 指令与 RET（Return）指令具有如下功能。

（1）主控功能

STL 指令用于将状态继电器 S 的触点与母线相连并提供主控功能。主控功能是指当使用 STL 指令时，与 STL 触点相连的起始触点要使用 LD（LDI）指令。使用 STL 指令后，LD（LDI）触点均移至 STL 触点的右侧，直至出现 RET 指令。步进复位指令 RET 使 LD 触点返回左母线。当再次出现 STL 指令时，以 STL 触点开始的回路块也同样与原母线相连。

（2）自动复位功能

自动复位功能指状态流程后原状态会自动复位的功能。当使用 STL 指令时，新的状态继电器 S 被置位，前一个状态继电器 S 将自动复位。如图 4.1.1（a）所示，当 S020 被置位后，S020 的 STL 触点接通，其控制的负载 Y000 被驱动；当 X000 触点接通后，下一步的 S021 将被置位；当 X010 触点接通后，负载 Y002 被驱动，同时 PLC 将 S020 自动复位，Y000 也断开。而图 4.1.1（b）中，当 X000 触点接通后，S021 被置位，其 STL 触点接通，但状态继电器 S020 没有复位，此时 S020 和 S021 的 STL 触点都接通。也就是说，只有在 STL 回路中自动复位功能才有效。

（3）负载驱动功能

当 STL 触点接通后，与这个触点相连的回路块才可执行。STL 触点可直接驱动负

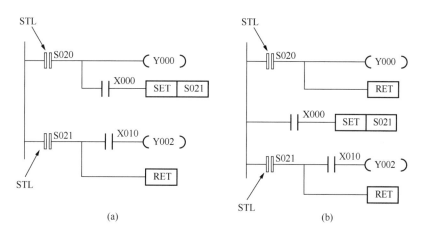

图 4.1.1　步进指令功能示例程序

载（如对 Y000），也可通过其他触点驱动负载（如对 Y002），如图 4.1.1 所示。当 STL 触点断开后，与这个触点相连的回路块将不执行。

（4）步进复位功能

因为使用 STL 指令时，LD（LDI）触点被右移，所以在需要将 LD（LDI）触点返回到母线上时要有 RET 指令。值得注意的是，STL 指令与 RET 指令并不需要成对使用，但在系列 STL 电路结束时一定要写入 RET 指令，否则程序将进行出错处理。

2. 步进指令的执行过程和有关规定

步进指令的执行过程如图 4.1.2 所示，图 4.1.2（a～c）分别是对应的状态流程图、步进梯形图及其指令表程序。

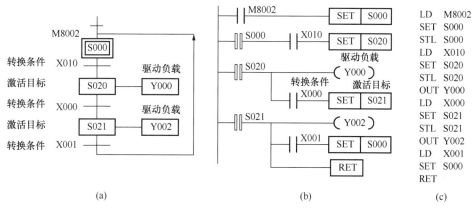

图 4.1.2　步进指令的用法

当步 S020 为活动步时，S020 的 STL 触点控制的负载 Y000 接通，当转换条件 X000 成立时，下一步的 S021 将被置位，负载 Y002 接通，同时 PLC 自动将 S020 断开（复位），Y000 也断开。

从状态流程图和步进梯形图中可以看出，每一状态提供三个功能：驱动负载、指定转换条件、激活目标即置位新状态（同时前面的状态自动复位）。

在状态流程图中，系统的初始状态应放在最前面，在可编程控制器开始执行用户程序时，一般用只接通一个扫描周期的初始化脉冲 M8002 将初始状态激活，为下一步活动状态的转移做准备。当需要从某一步返回初始步时，应对初始状态使用 OUT 指令或 SET 指令。另外，状态流程图与步进梯形图在使用时还要注意以下几点规定：

1）步进触点（STL 触点）只有常开接点，没有常闭接点，只用于状态继电器 S 的常开触点与左侧母线连接，并且同一状态继电器的 STL 触点只能使用一次（并行序列的合并除外）。

2）与步进触点连接的其他触点使用 LD 或 LDI 指令，即相当于 STL 指令将母线移到了步进触点右边（构成临时母线），直到出现下一个 STL 指令或出现 RET 指令，才使母线复位。凡是以步进触点为主体的程序，最后必须用 RET 指令返回母线。

3）步进触点可直接或通过其他触点驱动 Y、M、S、T 等编程元件的线圈，而步进触点本身只能用 STL 和 RET 指令驱动。

4）STL 指令与 MC/MCR 指令类似。使用 STL 指令相当于将母线移到触点之后，在步进触点（STL 触点）后应使用 LD 或 LDI 指令。因此，STL 指令后不能使用 MC/MCR 指令。在 STL 指令中可使用 CJP/EJP 指令，但因其操作复杂，建议一般不要使用。在中断和子程序中不能使用 STL 指令。

5）使用 STL 指令允许双线圈输出。因为可编程控制器 CPU 只执行活动步对应的电路块，所以使用 STL 指令时允许双线圈输出，即不同的步进触点可以分别驱动同一编程元件的线圈。但在状态的步进转移过程中，相邻两步的激活状态的转移在同一个扫描周期里时，为避免不能同时接通的两个外部负载同时接通（如电动机正反转的两个接触器），应在可编程控制器外部设置硬件联锁保护。

6）只要不是相邻的两步，同一个定时器可在这些不同步中使用，以节省定时器。如果不使用 STL 指令（或 STL 触点），状态 S 可作为普通辅助继电器 M 使用，这时其功能与 M 相同。状态 S 均具有断电保护功能。断电后再次来电，动作从断电时的状态开始。但在某些情况下需从初始状态开始，则需要复位所有的状态，此时应使用应用功能指令实现状态复位操作。

3. 状态流程图与步进指令梯形图的转换

采用步进指令进行程序设计时，首先要设计系统的状态流程图，然后将状态流程图转换成步进梯形图，写出相应的指令表程序。图 4.1.3（a）是小车的运动示意图，从图中可以看出，小车在一个周期里的运动可分为四个阶段。小车由电动机带动，当接触器 KM0 接通时，电动机正转，小车前进；当接触器 KM1 接通时，电动机反转，小车后退。图 4.1.3（b）是小车运动的外部控制接线图，其中，为防止短路，对控制正反转的接触器分别采用了电气互锁设计。图 4.1.3（c，d）分别是小车运动状态流程图和步进梯形图。

由图 4.1.3（a）可知，小车的初始状态位于左端，小车的运动由四个阶段顺序构成，分别对应状态流程图中的 S21～S24 四步，S000 是初始步。当 PLC 主机上电时，

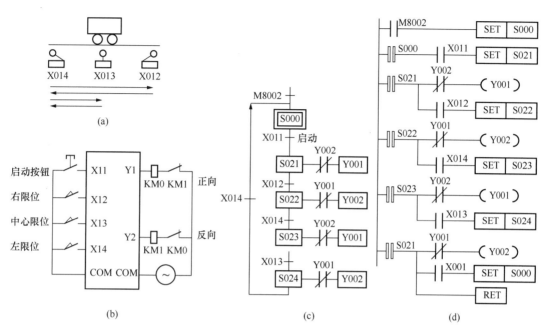

图 4.1.3 小车运动控制系统设计

特殊继电器 M8002 接通，系统处于初始步，S000 被激活；按下起动按钮 X011，转移条件满足，系统由初始步转移到状态 S021，S021 的步进触点接通后，Y001 的线圈通电，小车右行前进；前进到最右端，限位开关 X012 接通，转移条件满足，S022 被激活，Y002 的线圈通电，小车左行返回；当返回到最左端时，限位开关 X014 接通，转移条件满足，S023 被激活，Y001 的线圈通电，小车右行前进；前进到路线中间时，限位开关 X013 接通，转移条件满足，S024 被激活，Y002 的线圈通电，小车左行返回；返回到最左端，限位开关 X014 接通，转移条件满足，状态 S000 被激活，系统返回原始状态，小车停止运行。

4.1.4 状态流程图在 GX Developer 编程软件中的基本使用

以下以图 4.1.2（a）所示流程图为例说明状态流程图在 GX Developer 编程软件中的基本使用。

1. 创建新工程

双击桌面上的"GX Developer"图标，创建新工程。在弹出的如图 4.1.4 所示的对话框中，"PLC 系列"选择"FXCPU"，"PLC 类型"选择"FX2N（C）"，"程序类型"选择"SFC"，点选"设置工程名"，并在"工程名"中输入工程名，单击"确定"，然后显示如图 4.1.5 所示的编程块窗口。

2. 输入初始化程序

双击图 4.1.5 所示"块标题"中的"0"，出现如图 4.1.6 所示的对话框。在此对

图 4.1.4　创建新工程对话框

图 4.1.5　新工程编程块窗口

话框中点选"梯形图块"，在"块标题"中输入标题，然后单击"执行"。块标题根据所要建立的程序命名。单击"执行"后进入编程界面，如图 4.1.7 所示。

图 4.1.6　建立编程块对话框

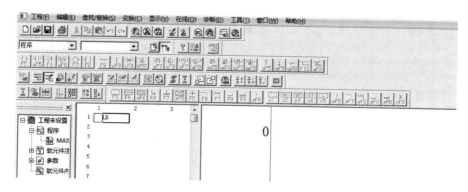

图 4.1.7　梯形图编程界面

在编程界面的右边，按照基本指令编程的方法输入初始化程序，输入后按 F4 转换，转换后如图 4.1.8 所示。

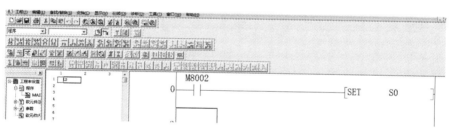

图 4.1.8　输入初始化程序

3. 输入转移条件与步序程序

（1）建立编辑界面

双击编程界面最左边工程列表区中程序下面的"MAIN"，回到图 4.1.5 所示的界面，同理，双击如图 4.1.5 所示"块标题"中的"1"，出现如图 4.1.6 所示的对话框。在此对话框中点选"SFC 块"，在"块标题"中输入标题，然后单击执行，进入编程界面。该界面分工程列表、图形编辑、动作输出/转移条件编辑三个区，如图 4.1.9 所示。

首先双击图形编辑区中的"□? 0"，然后在工具条中找到"□"和"十"，在"2十? 0"下面依次输入"□"和"十"。在输入"□"时注意，由于软件默认的步序数是"10"，所以修改默认数。图形编辑区完成后如图 4.1.10 所示。

（2）输入转移条件与步序程序

1）单击"2十? 0"，然后在动作输出/转移条件区输入转移条件 X10，输入后按 F4 进行转换。输入 X10 后的软件界面如图 4.1.11 所示。"TRAN"是转移的意思，必须输入。

2）单击"4□? 20"，然后在动作输出/转移条件区输入动作输出 Y0，输入后按 F4 进行转换。输入 Y0 后的软件界面如图 4.1.12 所示。

3）单击"5十? 1"，然后在动作输出/转移条件区输入转移条件 X0，输入后按 F4

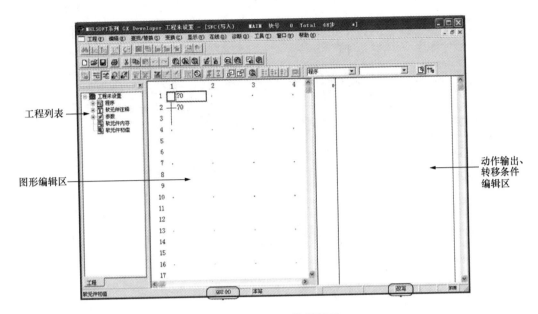

图 4.1.9　SFC 编程界面

工程列表

图形编辑区

动作输出、转移条件编辑区

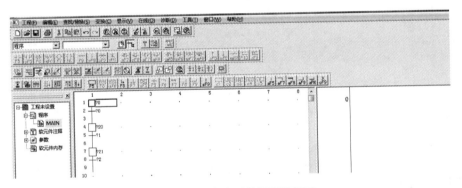

图 4.1.10　完成后的图形编辑区

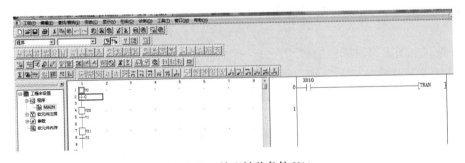

图 4.1.11　输入转移条件 X10

进行转换。输入 X0 后的软件界面如图 4.1.13 所示。

　4）单击"7□? 21"，然后在动作输出/转移条件区输入动作输出 Y2，输入后按 F4 进行转换。输入 Y2 后的软件界面如图 4.1.14 所示。

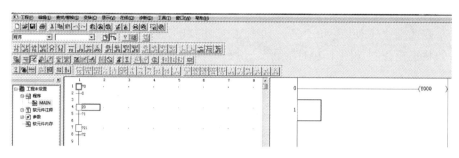

图 4.1.12　输入动作输出 Y0

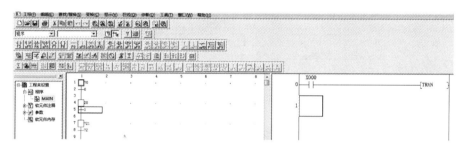

图 4.1.13　输入转移条件 X0

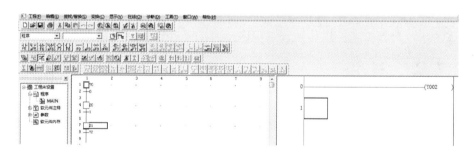

图 4.1.14　输入动作输出 Y2

5）单击"8十? 2"，然后在动作输出/转移条件区输入转移条件 X1，输入后按 F4 进行转换。输入 X1 后的软件界面如图 4.1.15 所示。

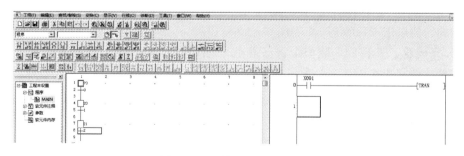

图 4.1.15　输入转移条件 X1

6）双击直线 10 处，弹出如图 4.1.16（a）所示的对话框，把图标号中的"STEP"和"10"修改为"JUMP"和"0"，如图 4.1.16（b）所示，然后单击"确定"，修改完成后的状态流程图如图 4.1.17 所示。

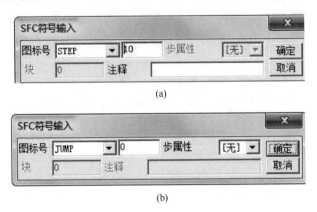

(a)

(b)

图 4.1.16　修改条件

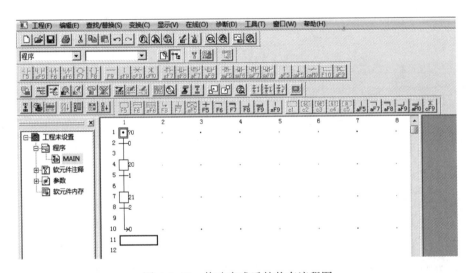

图 4.1.17　修改完成后的状态流程图

"JUMP　0"表示在图 4.1.2（a）中返到 S0 去的返回线，在编程软件中是无法做到划线的，所以用"JUMP"来实现。

7）完成后，按下 F4，将整个状态流程图进行转换，转换后就得到了图 4.1.2（b）所示的梯形图和图 4.1.2（c）所示的指令语句表。

需要注意的是，不同版本的编程软件在梯形图中显示的步进指令符号有所不同。

4.1.5　实训操作

1. 实训目的

熟悉状态流程图在 GX Developer 编程软件中的基本使用。

2. 实训设备

实训设备主要有计算机、GX Developer 编程软件、FX2N-16MR、SC09 通信电缆。

3. 实训要求

正确输入图 4.1.18 中的程序，并写入 PLC 中。

4. 注意事项

1) 通电前必须在指导教师的监护和允许下进行。
2) 要做到安全操作和文明生产。

5. 评分

评分细则见评分表。

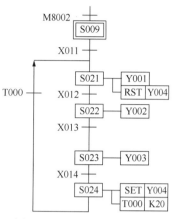

图 4.1.18　实训状态流程图

"状态流程图输入实训操作" 技能自我评分表

项　目	技术要求	配分/分	评分细则	评分记录
工作前的准备	清点实训操作所需的设备器件	5	每漏检或错检一件，扣 1 分	
编程软件安装	正确安装 GX Developer 编程软件	25	不能正确安装，每返工一次扣 5 分	
程序输入	1. 熟练操作编程软件，程序输入准确无误 2. 将程序熟练写入 PLC 中 3. 熟练读取 PLC 中的程序	50	操作编程软件不熟练，扣 10 分	
			输入有遗漏或错误，每处扣 5 分	
			不会将程序写入 PLC 中，扣 20 分	
			将程序写入 PLC 中不熟练，扣 10 分	
			读取 PLC 中的程序不熟练，扣 10 分	
清洁	设备器件、工具摆放整齐，工作台清洁	10	乱摆放设备器件、工具，乱丢杂物，完成任务后不清理工位，扣 10 分	
安全生产	安全着装，按操作规程安全操作	10	没有安全着装，扣 5 分 操作不规范，扣 5 分 出现事故，总分计 0 分	
额定工时 120min	超时，此项从总分中扣分		每超过 5min，扣 3 分	

思　考　题

1. 练习状态流程图在 GX Developer 编程软件中的使用。
2. 在 GX Developer 编程软件中输入图 4.1.19 所示的状态流程图。

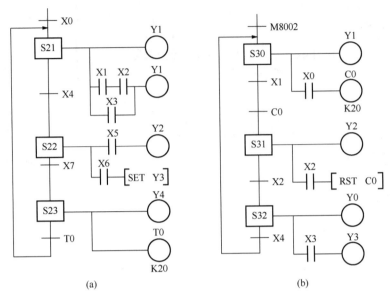

(a)　　　　　　　　　　　　　　(b)

图 4.1.19　思考题 2 图

课题 4.2　台车步进控制

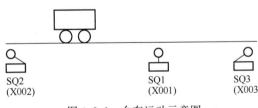

学习目标

1. 熟练使用步进指令。
2. 掌握状态流程图编程方法。
3. 知道 PLC 与输入部件、控制部件的接线。
4. 通过控制任务设计程序学习提高编程能力。
5. 进一步熟悉状态流程图在 GX Developer 编程软件中的使用。

　　某自动台车在启动前位于导轨的中部，按下启动按钮后，台车在电动机 M 的带动下在导轨上来回移动。图 4.2.1 所示是台车的运动示意图。

图 4.2.1　台车运动示意图

　　自动台车在一个工作周期里的控制工艺要求如下：

　　1）闭合旋钮开关 SB，电动机 M 正转，台车前进。

　　2）碰到行程开关 SQ1 后，电动机反转，台车后退。

　　3）台车后退碰到行程开关 SQ2 后，台车电动机 M 停止 5s。

　　4）第二次前进，碰到行程开关 SQ3 后再次后退。

5）当后退到行程开关 SQ2 时，台车停止，工作周期结束。

1. 任务分析

由控制工艺及图 4.2.1 可知，台车由电动机 M 驱动，正转（前进）由 PLC 的输出点 Y1 控制，反转（后退）由 Y2 控制，需要两个输出点；另有启停旋钮开关 1 个，行程开关 3 个，共 4 个输入点。

2. 绘制 I/O 地址分配表和 I/O 接线图

I/O 地址分配表如表 4.2.1 所示；I/O 接线图如图 4.2.2 所示。

表 4.2.1　台车运动控制 I/O 地址分配表

输入元件	输入地址	定　义	输出元件	输出地址	定　义
SB	X0	启停旋钮	KM1	Y1	正转控制接触器
SQ1	X1	前进限位	KM2	Y2	反转控制接触器
SQ2	X2	后退限位			
SQ3	X3	二进限位			

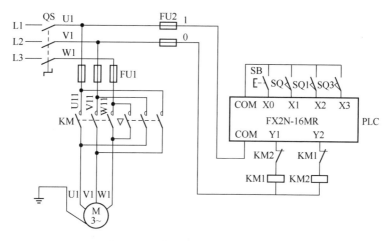

图 4.2.2　台车运动控制 I/O 接线图

注意事项：

1）地址分配表中的输入、输出地址一定要与 I/O 接线图中的地址一致，否则容易造成安装接线、调试错误。

2）I/O 接线图中的输入控制元件，不管在继电器控制线路中同一个元件用了多少个触点，在 PLC 中只用一个触点作为输入点，除热继电器过载保护外，都采用常开触点。

3）绘制 I/O 接线图时，不需要把 PLC 所有的输入、输出点都绘制出来，而是用哪个就绘制哪个。

4）为防止因交流接触器主触点熔焊不能断开而造成的短路故障，在 PLC 外部必须进行硬件联锁。

3. 接线

根据 I/O 接线图完成 PLC 与外接输入元件和输出元件的接线。

1）根据图 4.2.2 所示，先安装接好控制板，安装完成的控制板如图 4.2.3 所示。

图 4.2.3　安装接线完成的台车运动控制板

注意事项：

① 组合开关、熔断器的受电端子在控制板外侧。

② 各元件的安装位置整齐、匀称、间距合理，便于元件的更换。

③ 布线通道尽可能少，同路并行导线按主电路、控制电路分类集中、单层密布、紧贴安装面板。

④ 同一平面的导线应高低一致或前后一致，不得交叉。布线应横平竖直、分布均匀，变换方向时应垂直。

⑤ 布线时以接触器为中心，由里向外，由低至高，先电源电路，再控制电路，后主电路，以不妨碍后续布线为原则。

2）控制板与 PLC 输入、输出元件连接，接线完成的示意图如图 4.2.4 所示。

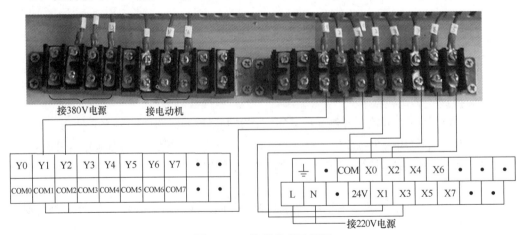

图 4.2.4　接线完成示意图

注意事项：

① 因 FX2N-16MR 每个输出点的 COM 是独立的，且控制对象是一个电压等级（接触器线圈都是 380V），可以把 COM 端口在 PLC 上直接连接在一起。

② PLC 的 220V 工作电源应独立分开，不得与控制板电源接在一起。

3）控制板与电动机连接。

4. 根据工艺控制要求编写程序

（1）分解工作过程

将整个过程按任务要求分解，其中的每个工序均对应一个状态，每个状态元件的功能和作用如下：

初始状态，S0，PLC 上电，做好工作准备；

前进，S20，输出 Y1，驱动电动机 M 正转；

后退，S21，输出 Y2，驱动电动机 M 反转；

延时 5s，S22，定时器 T0，设定为 5s，延时到，T0 线圈接通；

再前进，S23，同 S20；

再后退，S24，同 S21。

这里需注意：虽然 S20 与 S23、S21 与 S24 功能相同，但它们是状态流程图中的不同工序，也就是不同的状态，因此编号不同。

（2）列出每个状态的转移条件

状态流程图就是状态和状态转移条件及转移方向构成的流程图，弄清转移条件是非常有必要的。经分析可知，本控制系统中各状态的转移条件如下：S20 的转移条件为 SB，S21 的转移条件为 SQ1，S22 的转移条件为 SQ2，S23 的转移条件为 T0，S24 的转移条件为 SQ3。

状态的转移条件可以是单一的，也可以是多个元件的串、并联组合。

（3）根据工艺要求和分析画出状态流程图

台车运动状态流程图如图 4.2.5 所示。

（4）将状态流程图输入软件，并设计梯形图

台车运动控制参考程序如图 4.2.6 所示。

5. 将编写好的程序传送到 PLC

1）连接好计算机与 PLC。

2）将 PLC 的工作模式开关拨向下方，将工作模式置于停止模式。

3）向 PLC 供电，将程序传送到 PLC 中。

6. 运行调试

1）将 PLC 的工作模式开关拨向上方，将工作模式置于运行模式。

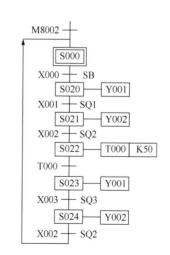

图 4.2.5　台车运动状态流程图

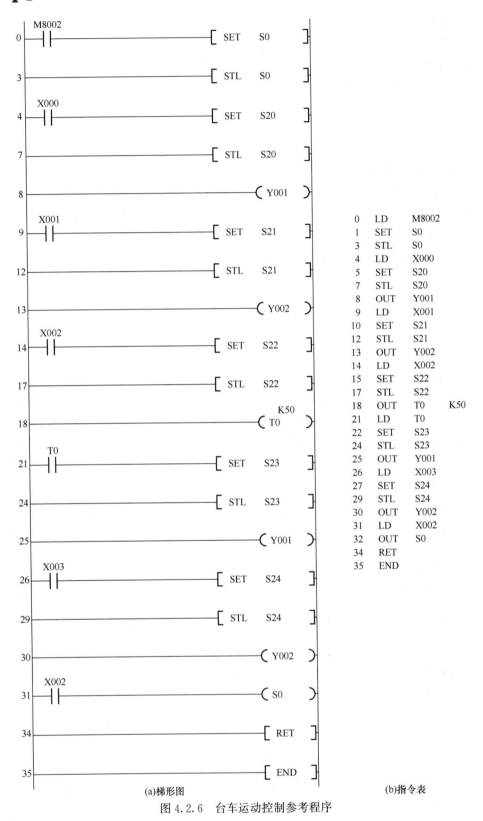

0	LD	M8002
1	SET	S0
3	STL	S0
4	LD	X000
5	SET	S20
7	STL	S20
8	OUT	Y001
9	LD	X001
10	SET	S21
12	STL	S21
13	OUT	Y002
14	LD	X002
15	SET	S22
17	STL	S22
18	OUT	T0	K50
21	LD	T0
22	SET	S23
24	STL	S23
25	OUT	Y001
26	LD	X003
27	SET	S24
29	STL	S24
30	OUT	Y002
31	LD	X002
32	OUT	S0
34	RET	
35	END	

(a)梯形图　　　　　　　　　　(b)指令表

图 4.2.6　台车运动控制参考程序

2）打开监控模式。

3）操作启/停按钮，观察程序是否正常运行，PLC 上的输出指示灯是否有指示。

4）程序运行正常，将控制板电源开关合上，进行联动运行，仔细观察电动机的运行状态。

7. 实训操作

（1）实训目的

熟练使用步进指令，根据工艺控制要求掌握步进编程的方法和调试方法，能够使用 PLC 解决实际问题。

（2）实训设备

实训设备有计算机、FX2N-16MR、SC09 通信电缆、开关板（600mm×600mm）、熔断器、交流接触器、热继电器、组合开关、按钮、行程开关、导线等。

（3）任务要求

送料小车由电动机带动在流水线上作往返循环运动，工作示意图如图 4.2.7 所示。小车停在材料库，装好材料后，按下启动按钮，小车装满材料，向加工中心前进，在加工中心停留 2s，把材料卸下，并把加工中心加工好的零件装在小车上，再送往成品库，停留 2s，把零件卸下后再返回材料库，停留 2s，装好材料，再准备下一次循环。请用步进编程方法完成送料小车 PLC 控制的设计、安装、调试、运行。

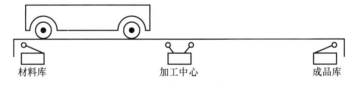

图 4.2.7　送料小车工作示意图

（4）注意事项

1）通电前必须在指导教师的监护和允许下进行。

2）要做到安全操作和文明生产。

（5）评分

评分细则见评分表。

"送料小车控制实训操作"技能自我评分表

项　　目	技术要求	配分/分	评分细则	评分记录
工作前的准备	清点实训操作所需的设备器件	5	每漏检或错检一件，扣 1 分	
绘制 I/O 地址分配表和接线图	正确绘制 I/O 地址分配表和接线图	5	地址遗漏，每处扣 1 分 接线图绘制错误，每处扣 1 分	
安装接线	按照 PLC 控制 I/O 接线图正确、规范安装线路	20	线路布置不整齐、不合理，每处扣 2 分 接线不规范，每根扣 0.5 分 不按 I/O 接线图接线，每处扣 5 分 损坏元件，每个扣 5 分	

续表

项　目	技术要求	配分/分	评分细则	评分记录
程序设计	1. 按照控制要求设计梯形图 2. 将程序熟练写入PLC中	40	不能正确达到功能要求，每处扣5分	
			地址与I/O分配表和接线图不符，每处扣5分	
			不会将程序写入PLC中，扣10分	
			将程序写入PLC中不熟练，扣10分	
运行调试	正确运行调试	10	不会联机调试程序，扣10分 联机调试程序不熟练，扣5分 不会监控调试，扣5分	
清洁	设备器件、工具摆放整齐，工作台清洁	10	乱摆放设备器件、工具，乱丢杂物，完成任务后不清理工位，扣10分	
安全生产	安全着装，按操作规程安全操作	10	没有安全着装，扣5分 操作不规范，扣5分 出现事故，总分计0分	
额定工时 240min	超时，此项从总分中扣分		每超过5min，扣3分	

思　考　题

1. 将图 4.2.8 所示的状态流程图转换成步进梯形图，并写出指令语句表。

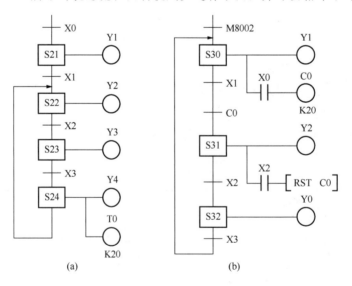

(a)　　　　(b)

图 4.2.8　思考题 1 图

2. 将图 4.2.9 所示的指令语句表转换成状态流程图。

LD	M8002	LD	M8002
SET	S0	SET	S0
STL	S0	STL	S0
LD	X1	LD	X1
SET	S20	AND	X2
STL	S20	SET	S20
OUT	Y2	STL	S20
OUT	Y3	OUT	Y2
LD	X0	LD	X2
OUT	Y1	SET	S21
LDP	Y1	STL	S21
RST	C1	OUT	Y0
LD	X2	LD	X3
SET	S21	SET	S22
STL	S21	STL	S22
OUT	Y0	OUT	Y1
LD	X3	LD	X7
OUT	C1 K6	SET	S23
LD	C1	STL	S23
SET	S0	OUT	Y0
RET		LD	X6
END		SET	S21
		RET	
		END	
(a)		(b)	

图 4.2.9　思考题 2 图

课题 4.3　产品零件分拣控制

📖 学习目标

1. 熟练使用步进指令。

2. 掌握选择性分支流程图编程方法。

3. 知道 PLC 与输入部件、控制部件的接线。

4. 通过控制任务设计程序学习提高编程能力。

5. 进一步熟悉状态流程图在 GX Developer 编程软件中的使用。

4.3.1　工作任务

球形产品零件分拣机的结构如图 4.3.1 所示。

M1 为机械手臂左右驱动电动机，用来驱动机械手臂左向或右向移动；M2 为机械手臂升降电动机，用于驱动电磁铁上移或下移；SQ1、SQ4、SQ5 分别为左限位、右限

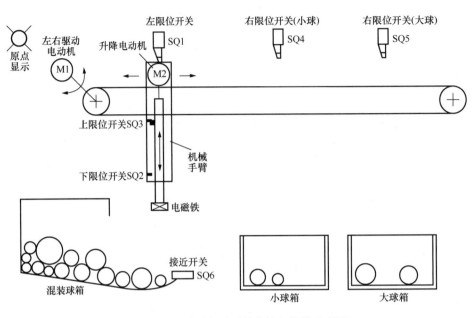

图 4.3.1　球形产品零件分拣机结构示意图

位（小球）、右限位（大球）开关；SQ2、SQ3 分别为下、上限位开关；SQ6 为接近开关，当铁球靠近时开关闭合，表示混装球箱内有球。大小铁球分拣机的控制要求及工作过程如下：

1）机械手要从混装球箱中将大小球分拣出来，并将小球放入小球箱内，将大球放入大球箱内。

2）机械手的原点条件。机械手臂应停在混装球箱上方，混装球箱内有球，即左限位行程开关 SQ1、上限位行程开关 SQ3、混装球箱接近开关 SQ6 均闭合。

3）系统启动后，机械手臂下降 2s 后，电磁铁从混装球箱中吸引铁球。若此时 SQ2 处于闭合状态，表示吸引的是小球；若 SQ2 处于断开状态，则吸引的是小球。

4）机械手上升，SQ3 闭合后，电动机 M1 带动机械手臂右移。

5）如果是小球，机械手臂移至 SQ4 处停止；如果电磁铁吸引的是大球，机械手臂移至 SQ5 处停止。

6）机械手下降，碰到下限位开关 SQ2，小球则放入小球箱，大球则放入大球箱。

7）机械手上移，碰到 SQ3 后，机械手臂左行回归原位，碰到 SQ1 停止。

1. 任务分析

根据控制工艺及图 4.3.1 可知，原点显示需要 1 个输出点来驱动，M1 为机械手臂左右驱动电动机，需要两个交流接触器控制，即需要 2 个输出点；M2 为机械手臂升降电动机，需要两个交流接触器控制，即需要 2 个输出点；电磁铁线圈需要 1 个点来驱动；系统启动与停止各一个按钮，SQ1、SQ4、SQ5 分别为左限位、右限位（小球）、右限位（大球）开关，SQ2、SQ3 为下、上限位开关，SQ6 为接近开关，各需要 1 个输入点。共计需要 6 个输出点、8 个输入点。

2. 绘制 I/O 地址分配表和 I/O 接线图

I/O 地址分配表如表 4.3.1 所示，I/O 接线图如图 4.3.2 所示。

表 4.3.1　产品零件分拣控制 I/O 地址分配表

输入元件	输入地址	定　义	输出元件	输出地址	定　义
SB1	X0	系统启动	HL	Y0	原点显示
SB2	X1	系统停止	KM1	Y1	左移接触器
SQ2	X2	机械手下限位	KM2	Y2	右移接触器
SQ3	X3	机械手上限位	KM3	Y3	上升接触器
SQ1	X4	机械手左限位	KM4	Y4	下降接触器
SQ4	X5	机械手右限位（小球）	YA	Y5	电磁铁线圈
SQ5	X6	机械手右限位（大球）			
SQ6	X7	接近开关			

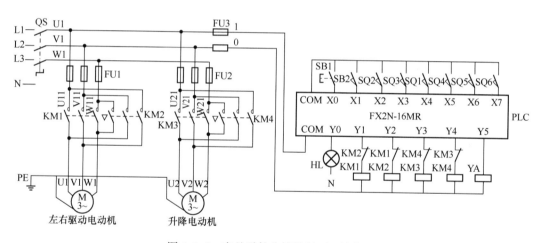

图 4.3.2　产品零件分拣控制 I/O 接线图

注意事项：

1）地址分配表中的输入、输出地址一定要与 I/O 接线图中的地址一致，否则容易造成安装接线、调试错误。

2）I/O 接线图中的输入控制元件，不管在继电器控制线路中同一个元件用了多少个触点，在 PLC 中只用一个触点作为输入点，除热继电器过载保护外，都采用常开触点。

3）绘制 I/O 接线图时，不需要把 PLC 所有的输入、输出点都绘制出来，而是用哪个就绘制哪个。

4）为防止因交流接触器主触点熔焊不能断开而造成的短路故障，在 PLC 外部必须进行硬件联锁。

3. 接线

根据 I/O 接线图完成 PLC 与外接输入元件和输出元件的接线。

1）根据图 4.3.2 所示的接线图，先安装接好控制板，安装接线完成的控制板如图 4.3.3 所示。

图 4.3.3　安装接线完成的产品零件分拣控制板

注意事项：

① 组合开关、熔断器的受电端子在控制板外侧。

② 各元件的安装位置整齐、匀称、间距合理，便于元件的更换。

③ 布线通道尽可能少，同路并行导线按主电路、控制电路分类集中、单层密布、紧贴安装面板。

④ 同一平面的导线应高低一致或前后一致，不得交叉。布线应横平竖直、分布均匀，变换方向时应垂直。

⑤ 布线时以接触器为中心，由里向外，由低至高，先电源电路，再控制电路，后主电路，以不妨碍后续布线为原则。

2）控制板与 PLC 输入、输出元件连接。

注意事项：

① 因 FX2N-16MR 每个输出点的 COM 是独立的，且控制对象是一个电压等级（接触器线圈都是 380V），可以将 COM 端口在 PLC 上直接连接在一起。

② PLC 的 220V 工作电源应独立分开，不得与控制板电源接在一起。

3）控制板与电动机连接。

4. 根据工艺控制要求编写程序

1）分解工作过程。

① 将整个工作过程按任务要求分解，其中的每道工序均对应一个状态。

② 机械手必须在原点才能启动，所以当 PLC 上电时机械手要自动回到原点。

③ 在任何状态、任何位置都能停止，再次启动前要回到原点。

2）列出每个状态的转移条件。

3）根据工艺要求和分析画出状态流程图，如图 4.3.4 所示。

说明：

① 状态流程图中的 ZRST 指令为区间复位指令，只要条件成立，它就将指定元件范围内同类的所有元件复位。在图 4.3.4 中，只要 X1 闭合，从 S0 开始到 S33 为止的所有状态元件全部复位。

② 在状态流程图中转移条件的元件上面有一横杠，表示是常闭触点。例如，$\overline{X2}$ 表示 X2 是常闭触点。

③ 在状态转移条件中有上、下两个元件表示是串联。

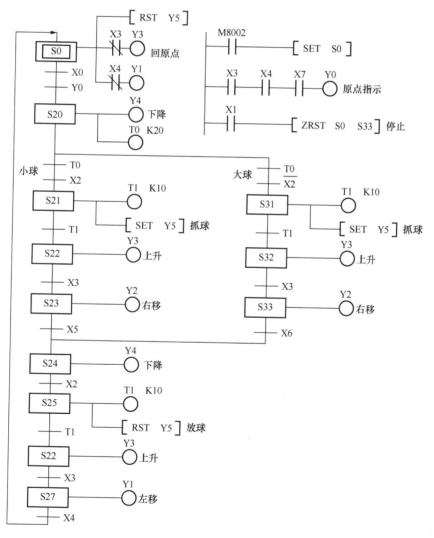

图 4.3.4　产品零件分拣控制状态流程图

4）将状态流程图输入软件，并设计出梯形图。参考程序梯形图如图 4.3.5 所示，指令语句表如图 4.3.6 所示。

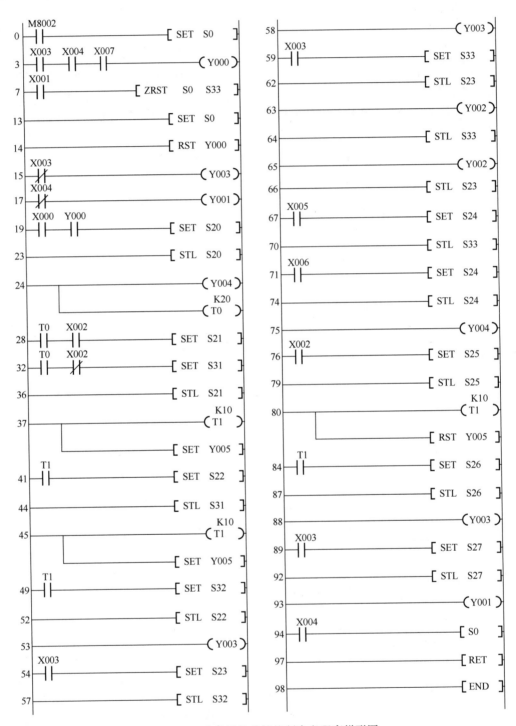

图 4.3.5　产品零件分拣控制参考程序梯形图

0	LD	M8002		37	OUT	T1	K10	74	STL	S24	
1	SET	S0		40	SET	Y005		75	OUT	Y004	
3	LD	X003		41	LD	T1		76	LD	X002	
4	AND	X004		42	SET	S22		77	SET	S25	
5	AND	X007		44	STL	S31		79	STL	S25	
6	OUT	Y000		45	OUT	T1	K10	80	OUT	T1	K10
7	LD	X001		48	SET	Y005		83	RST	Y005	
8	ZRST	S0	S33	49	LD	T1		84	LD	T1	
13	STL	S0		50	SET	S32		85	SET	S26	
14	RST	Y000		52	SEL	S22		87	STL	S26	
15	LDI	X003		53	OUT	Y003		88	OUT	Y003	
16	OUT	Y003		54	LD	X003		89	LD	X003	
17	LDI	X004		55	SET	S23		90	SET	S27	
18	OUT	Y001		57	STL	S32		92	STL	S27	
19	LD	X000		58	OUT	Y003		93	OUT	Y001	
20	AND	Y000		59	LD	X003		94	LD	X004	
21	SET	S20		60	SET	S33		95	OUT	S0	
23	STL	S20		62	STL	S23		97	RET		
24	OUT	Y004		63	OUT	Y002		98	END		
25	OUT	T0	K20	64	STL	S33					
28	LD	T0		65	OUT	Y002					
29	AND	X002		66	STL	S23					
30	SET	S21		67	LD	X005					
32	LD	T0		68	SET	S24					
33	ANI	X002		70	STL	S33					
34	SET	S31		71	LD	X006					
36	STL	S21		72	SET	S24					

图 4.3.6　产品零件分拣控制程序指令语句表

5. 将编写好的程序传送到 PLC

1）连接好计算机与 PLC。

2）将 PLC 的工作模式开关拨向下方，将工作模式置于停止模式。

3）向 PLC 供电，将程序传送到 PLC 中。

6. 运行调试

1）将 PLC 的工作模式开关拨向上方，将工作模式置于运行模式。

2）打开监控模式。

3）操作启/停按钮，观察程序是否正常运行，PLC 上的输出指示灯是否有指示。

4）程序运行正常，将控制板电源开关合上，进行联动运行，仔细观察电动机的运行状态。

4.3.2　选择性分支状态流程图

可以看到，图 4.3.4 所示的状态流程图与课题 4.2 中图 4.2.5 所示的状态流程图有所不同。图 4.2.5 中的状态流程图是单流程，图 4.3.4 中的状态流程图是多流程，且在满足某种条件时选择一个流程执行，这种状态流程图称为选择性分支流程图。

如图 4.3.7 所示，选择性分支的支路数可以是两条或更多，没有数量限制。分支转移条件不能同时接通，哪个接通就执行哪条分支。在图 4.3.7 中有三个流程，执行哪个流程由 X0、X10、X20 决定。当 S20 动作，一旦接通 X0，就执行 S21 这个流程，

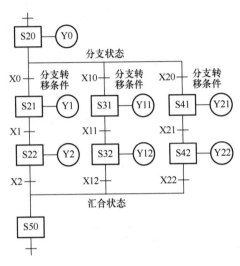

图 4.3.7 选择性分支状态流程图的结构形式

即使后面 X10 或 X20 接通，S31 或 S41 也不会动作。

选择性分支流程编程的原则是先集中处理分支转移情况，然后依顺序进入各分支程序处理和汇合状态。如图 4.3.7 所示，按照 S21、S31、S41 分支的先后顺序处理好各分支，然后处理汇合后的 S50。

4.3.3 实训操作

1. 实训目的

熟练使用步进指令，根据工艺控制要求掌握选择性分支流程图的编程和调试方法，能够使用 PLC 解决实际问题。

2. 实训设备

实训设备有计算机、FX2N-16MR、SC09 通信电缆、开关板（600mm×600mm）、熔断器、信号灯（指示灯）、组合开关、按钮、导线等。

3. 任务要求

交通信号灯自动控制系统有白天和夜晚两种工作方式。按下启动按钮开始工作，按下停止按钮停止工作。白天/夜晚开关断开时为白天工作方式，闭合时为夜晚工作方式。交通信号灯的工作时序如图 4.3.8 所示。

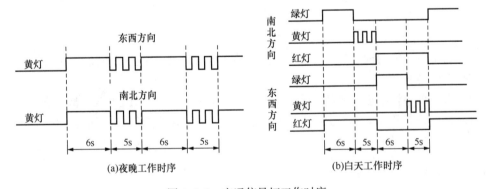

图 4.3.8 交通信号灯工作时序

4. 注意事项

1）通电前必须在指导教师的监护和允许下进行。

2）要做到安全操作和文明生产。

5. 评分

评分细则见评分表。

"交通信号灯控制实训操作"技能自我评分表

项 目	技术要求	配分/分	评分细则	评分记录
工作前的准备	清点实训操作所需的设备器件	5	每漏检或错检一件, 扣1分	
绘制 I/O 地址分配表和接线图	正确绘制 I/O 地址分配表和接线图	5	地址遗漏, 每处扣1分 接线图绘制错误, 每处扣1分	
安装接线	按照 PLC 控制 I/O 接线图正确、规范安装线路	20	线路布置不整齐、不合理, 每处扣2分 接线不规范, 每根扣0.5分 不按 I/O 接线图接线, 每处扣5分 损坏元件, 每个扣5分	
程序设计	1. 按照控制要求设计梯形图 2. 将程序熟练写入 PLC 中	40	不能正确达到功能要求, 每处扣5分	
			地址与 I/O 分配表和接线图不符, 每处扣5分	
			不会将程序写入 PLC 中, 扣10分	
			将程序写入 PLC 中不熟练, 扣10分	
运行调试	正确运行调试	10	不会联机调试程序, 扣10分 联机调试程序不熟练, 扣5分 不会监控调试, 扣5分	
清洁	设备器件、工具摆放整齐, 工作台清洁	10	乱摆放设备器件、工具, 乱丢杂物, 完成任务后不清理工位, 扣10分	
安全生产	安全着装, 按操作规程安全操作	10	没有安全着装, 扣5分 操作不规范, 扣5分 出现事故, 总分计0分	
额定工时 240min	超时, 此项从总分中扣分		每超过5min, 扣3分	

思 考 题

1. 将图 4.3.9 所示的状态流程图转换成步进梯形图, 并写出指令语句表。

2. 选择性分支流程编程的原则是什么?

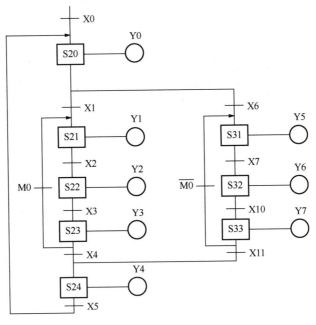

图 4.3.9　思考题 1 图

课题 4.4　两台送料车的控制

学习目标

1. 熟练使用步进指令。

2. 掌握并行分支流程图编程。

3. 掌握 PLC 与输入部件、控制部件的接线。

4. 通过控制任务设计程序学习提高编程能力。

5. 进一步熟悉状态流程图在 GX Developer 编程软件中的使用。

4.4.1　工作任务

某生产线的两台送料车如图 4.4.1 所示。控制要求：当系统启动后，两台送料车同时前进，前进到位后停留 2s，再同时后退到各自的原位。

1. 任务分析

根据控制工艺及图 4.4.1 可知，两台送料车由电动机 M 驱动，分别由 PLC 的输出

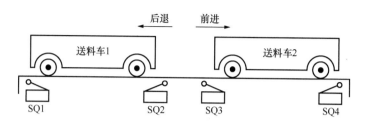

图 4.4.1 两台送料车运动示意图

点 Y1、Y2、Y3、Y4 控制正反转，需要 4 个输出点；启动、停止按钮各 1 个，行程开关 4 个，过载保护点 2 个，共 8 个输入点。

2. 绘制 I/O 地址分配表和 I/O 接线图

I/O 地址分配表如表 4.4.1 所示，I/O 接线图如图 4.4.2 所示。

表 4.4.1 两台送料车控制 I/O 地址分配表

输入元件	输入地址	定　义	输出元件	输出地址	定　义
SB1	X0	系统启动	KM1	Y1	料车 1 前进
SB2	X1	系统停止	KM2	Y2	料车 1 后退
SQ1	X2	送料车 1 后退限位	KM3	Y3	料车 2 前进
SQ2	X3	送料车 1 前进限位	KM4	Y4	料车 2 后退
SQ3	X4	送料车 2 后退限位			
SQ4	X5	送料车 2 前进限位			
FR1	X6	送料车 1 过载保护			
FR2	X7	送料车 2 过载保护			

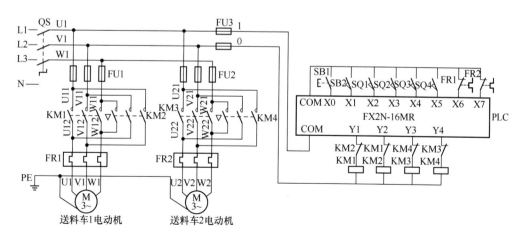

图 4.4.2 两台送料车控制 I/O 接线图

注意事项：

1）地址分配表中的输入、输出地址一定要与 I/O 接线图中的地址一致，否则容易造成安装接线、调试错误。

2）I/O 接线图中的输入控制元件，不管在继电器控制线路中同一个元件用了多少个触点，在 PLC 中只用一个触点作为输入点，除热继电器过载保护外，都采用常开触点。

3）绘制 I/O 接线图时，不需要把 PLC 所有的输入、输出点都绘制出来，而是用哪个就绘制哪个。

4）为防止因交流接触器主触点熔焊不能断开而造成的短路故障，在 PLC 外部必须进行硬件联锁。

3. 接线

根据 I/O 接线图完成 PLC 与外接输入元件和输出元件的接线。

1）根据图 4.4.2 所示，先安装接好控制板，安装完成的控制板如图 4.4.3 所示。

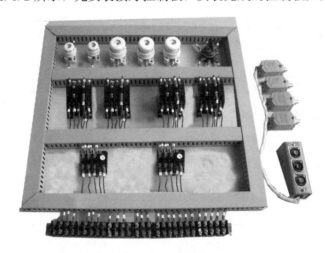

图 4.4.3　安装接线完成的两台送料车控制板

注意事项：

① 组合开关、熔断器的受电端子在控制板外侧。

② 各元件的安装位置整齐、匀称、间距合理，便于元件的更换。

③ 布线通道尽可能少，同路并行导线按主电路、控制电路分类集中、单层密布、紧贴安装面板。

④ 同一平面的导线应高低一致或前后一致，不得交叉。布线应横平竖直、分布均匀，变换方向时应垂直。

⑤ 布线时以接触器为中心，由里向外，由低至高，先电源电路，再控制电路，后主电路，以不妨碍后续布线为原则。

2）控制板与 PLC 输入、输出元件连接。

注意事项：

① 因 FX2N-16MR 每个输出点的 COM 是独立的，且控制对象是一个电压等级（接触器线圈都是 380V），可以将 COM 端口在 PLC 上直接连接在一起。

② PLC 的 220V 工作电源应独立分开，不得与控制板电源接在一起。

3）控制板与电动机连接。

4. 根据工艺控制要求编写程序

1）分解工作过程。

① 系统启动后，送料车 1 由 SQ1 前进到 SQ2 处停止 2s，同时送料车 2 由 SQ3 前进到 SQ4 处停止 2s。

② 2s 后，送料车 1 由 SQ2 后退到 SQ1 处停止，同时送料车 2 由 SQ4 前进到 SQ3 处停止。

③ 两台送料车都要后退到位才能启动。

2）列出每个状态的转移条件。

3）根据工艺要求和分析画出状态流程图，如图 4.4.4 所示。

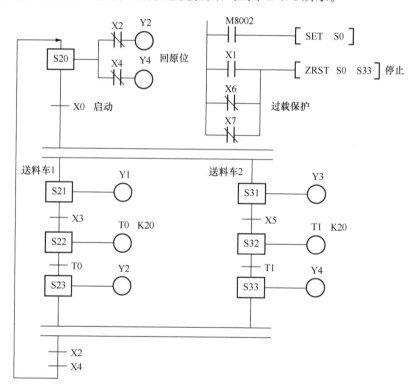

图 4.4.4　两台送料车控制状态流程图

4）将状态流程图输入软件，并设计出梯形图。参考程序梯形图如图 4.4.5 所示，指令语句表如图 4.4.6 所示。

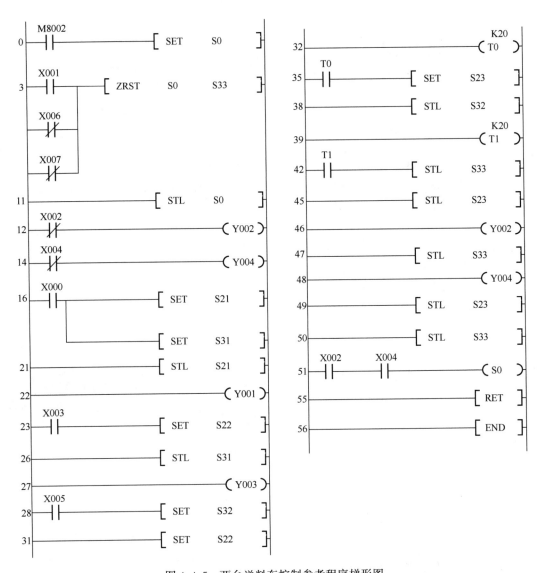

图 4.4.5　两台送料车控制参考程序梯形图

5. 将编写好的程序传送到 PLC

1）连接好计算机与 PLC。
2）将 PLC 的工作模式开关拨向下方，将工作模式置于停止模式。
3）向 PLC 供电，将程序传送到 PLC 中。

6. 运行调试

1）将 PLC 的工作模式开关拨向上方，将工作模式置于运行模式。
2）打开监控模式。
3）操作启/停按钮，观察程序是否正常运行，PLC 上的输出指示灯是否有指示。

0	LD	M8002		29	SET	S32	
1	SET	S0		31	STL	S22	
3	LD	X001		32	OUT	T0	K20
4	ORI	X006		35	LD	T0	
5	ORI	X007		36	SET	S23	
6	ZRST	S0	S33	38	STL	S32	
11	STL	S0		39	OUT	T1	K20
12	LDI	X002		42	LD	T1	
13	OUT	Y002		43	SET	S33	
14	LDI	X004		45	STL	S23	
15	OUT	Y004		46	OUT	Y002	
16	LD	X000		47	STL	S33	
17	SET	S21		48	OUT	Y004	
19	SET	S31		49	STL	S23	
21	STL	S21		50	STL	S33	
22	OUT	Y001		51	LD	X002	
23	LD	X003		52	AND	X004	
24	SET	S22		53	OUT	S0	
26	STL	S31		55	RET		
27	OUT	Y003		56	END		
28	LD	X005					

图 4.4.6　两台送料车控制参考程序指令语句表

4）程序运行正常，将控制板电源开关合上，进行联动运行，仔细观察电动机的运行状态。

4.4.2　并行分支状态流程图

多个流程全部同时执行的分支称为并行分支。并行分支的状态流程图称为并行分支流程图。

并行分支转移条件一旦成立，所有的支路同时执行。如图 4.4.7 所示，当 S20 动作，一旦接通 X0，S21、S31、S41 流程同时执行。

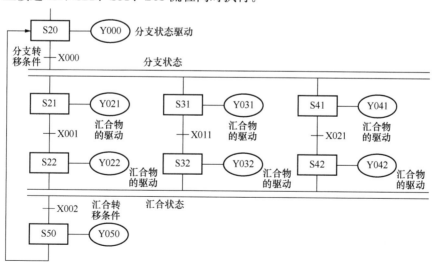

图 4.4.7　并行分支状态流程图的结构形式

并行分支流程编程的原则是先集中处理分支转移情况，然后集中进行汇合处理。如图 4.4.7 所示，按照 S21、S22、S31、S32、S41、S42 的顺序进行处理，然后按照 S22、S32、S42 的顺序向 S50 汇合。

并行分支流程图编程注意事项：

1）并行分支流程图的一个并行序列里最多能实现 8 个分支。

2）在并行分支、汇合流程中不允许出现图 4.4.8（a）中的转移条件，必须转化为图 4.4.8（b）中的转移条件后再进行编程。

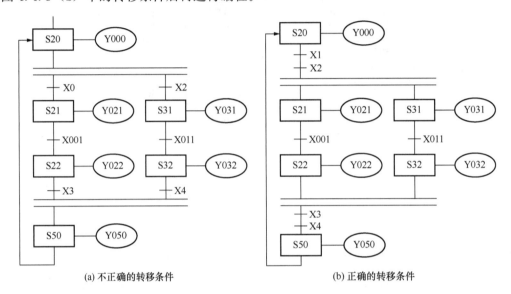

图 4.4.8　并行分支状态流程图转移条件结构形式

4.4.3　实训操作

1. 实训目的

熟练使用步进指令，根据工艺控制要求掌握并行分支流程图编程和调试方法，能够使用 PLC 解决实际问题。

2. 实训设备

实训设备有计算机、FX2N-16MR、SC09 通信电缆、开关板（600mm×600mm）、熔断器、信号灯（指示灯）、组合开关、按钮、导线等。

3. 任务要求

用并行分支流程图编程，设计一个人行横道交通信号灯控制系统的控制程序。

控制要求：图 4.4.9 所示为人行横道交通信号灯控制示意图，当按下 SB1 或 SB2 时，人行道和车道信号灯按照图 4.4.10 中的时序点亮。

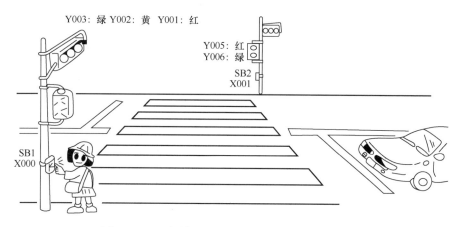

图 4.4.9　人行横道交通信号灯控制示意图

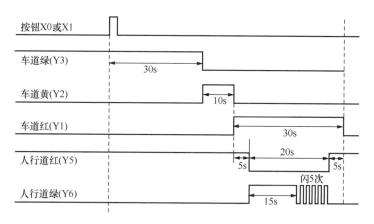

图 4.4.10　人行横道交通信号灯控制工作时序

4. 注意事项

1) 通电前必须在指导教师的监护和允许下进行。
2) 要做到安全操作和文明生产。

5. 评分

评分细则见评分表。

"人行横道交通灯控制实训操作"技能自我评分表

项　　目	技术要求	配分/分	评分细则	评分记录
工作前的准备	清点实训操作所需的设备器件	5	每漏检或错检一件，扣 1 分	
绘制 I/O 地址分配表和接线图	正确绘制 I/O 地址分配表和接线图	5	地址遗漏，每处扣 1 分 接线图绘制错误，每处扣 1 分	

续表

项　目	技术要求	配分/分	评分细则	评分记录
安装接线	按照 PLC 控制 I/O 接线图正确、规范安装线路	20	线路布置不整齐、不合理，每处扣 2 分 接线不规范，每根扣 0.5 分 不按 I/O 接线图接线，每处扣 5 分 损坏元件，每个扣 5 分	
程序设计	1. 按照控制要求设计梯形图 2. 将程序熟练写入 PLC 中	40	不能正确达到功能要求，每处扣 5 分	
			地址与 I/O 分配表和接线图不符，每处扣 5 分	
			不会将程序写入 PLC 中，扣 10 分	
			将程序写入 PLC 中不熟练，扣 10 分	
运行调试	正确运行调试	10	不会联机调试程序，扣 10 分 联机调试程序不熟练，扣 5 分 不会监控调试，扣 5 分	
清洁	设备器件、工具摆放整齐，工作台清洁	10	乱摆放设备器件、工具，乱丢杂物，完成任务后不清理工位，扣 10 分	
安全生产	安全着装，按操作规程安全操作	10	没有安全着装，扣 5 分 操作不规范，扣 5 分 出现事故，总分计 0 分	
额定工时 240min	超时，此项从总分中扣分		每超过 5min，扣 3 分	

思 考 题

1. 将图 4.4.7 所示的状态流程图转换成步进梯形图，并写出指令语句表。
2. 并行分支流程编程的注意事项是什么？

课题 4.5　步进编程综合实训

 学习目标

1. 熟练使用步进指令。
2. 通过控制任务设计程序学习提高编程能力。
3. 进一步熟悉状态流程图在 GX Developer 编程软件中的使用。

1. 实训要求

（1）绘制 I/O 地址分配表和 I/O 接线图

注意事项：

1）地址分配表中的输入、输出地址一定要与 I/O 接线图中的地址一致，否则容易造成安装接线、调试错误。

2）I/O 接线图中的输入控制元件，不管在继电器控制线路中同一个元件用了多少个触点，在 PLC 中只用一个触点作为输入点，除热继电器过载保护外，都采用常开触点。

3）绘制 I/O 接线图时，不需要把 PLC 所有的输入、输出点都绘制出来，而是用哪个就绘制哪个。

4）为防止因交流接触器主触点熔焊不能断开而造成的短路故障，在 PLC 外部必须进行硬件联锁。

（2）接线

根据 I/O 接线图完成 PLC 与外接输入元件和输出元件的接线。

注意事项：

1）组合开关、熔断器的受电端子在控制板外侧。

2）各元件的安装位置整齐、匀称、间距合理，便于元件的更换。

3）保证线槽横平竖直。

4）保证线槽间接缝对齐，尽量避免布放斜向线槽。

5）线槽布局要合理、美观，布放时按"目"字排列。

6）同一平面的导线应高低一致或前后一致，不得交叉。

7）布线时以接触器为中心，由里向外，由低至高，先电源电路，再主电路，后控制电路，以不妨碍后续布线为原则。

8）控制对象是一个电压等级，可以将 COM 端口在 PLC 上直接连接在一起。

9）PLC 的 220V 工作电源应独立分开，不得与控制板电源接在一起。

（3）编写程序

根据工艺控制要求编写程序，并将程序写入 PLC。

（4）程序调试

进行程序并调试，使结果符合控制要求。

2. 实训设备

实训设备有计算机、FX2N 系列 PLC、SC09 通信电缆、开关板（600mm×600mm）、熔断器、交流接触器、热继电器、组合开关、按钮、信号灯、导线等。

3. 实训任务

（1）自动剪板机控制（额定工时 240min）

如图 4.5.1 所示是自动剪板机的工作示意图。

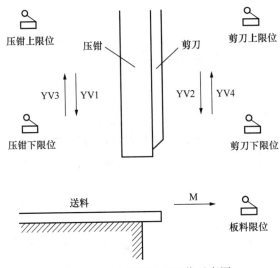

图 4.5.1　自动剪板机工作示意图

初始状态时，压钳和剪刀在上限位置，启动系统，板料右行；板料右行到位后，压钳下行；下行到位后，压钳保持压紧，剪刀开始下行；下行到位后，剪刀剪断板料，压钳和剪刀同时上行；压钳和剪刀上行到位后，分别停止上行，开始下一周期的工作。当剪完 10 块板料后，剪板机停止工作并返回初始状态，等待下一次启动。

该剪板机的送料由接触器 KM 控制的电动机驱动，压钳的下行和上行复位由液压电磁阀 YV1 和 YV3 控制，剪刀的下行和上行由液压电磁阀 YV2 和 YV4 控制。

（2）流彩灯控制（额定工时 240min）

如图 4.5.2 所示是流彩灯工作示意图。

当系统启动后，HL1 灯点亮，如果 A 路开关 S1 闭合则执行 A 路，如果 B 路开关 S2 闭合则执行 B 路，如果 C 路开关 S3 闭合则执行 C 路，每一路都执行到 HL11 后返回 HL1 自动执行循环，直到系统停止。每个灯点亮时间为 1.5s。

（3）专用钻床加工控制（额定工时 300min）

如图 4.5.3 所示是某专用钻床加工示意图。

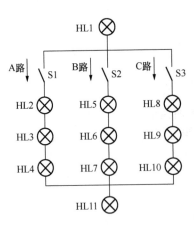

图 4.5.2　流彩灯工作示意图

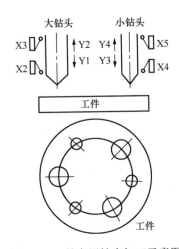

图 4.5.3　某专用钻床加工示意图

某专用钻床用来加工圆盘状零件均匀分布的 6 个孔，操作人员放好工件后，按下启动按钮 X0，Y0 变为 ON，工件被夹紧，夹紧后压力继电器 X1 为 ON，Y1 和 Y3 使两个钻头同时下行开始工作，钻孔深度分别由行程开关 X2、X4 设定。两个都到位后，Y2 和 Y4 使两个钻头上行，上行到位后，Y5 使工件旋转 120°，旋转到位时，X6 为 ON，同时设定值为 3 的计数器 C0 的当前值加 1，旋转结束后又开始钻第二对孔。3 对孔都钻完后，计数器的当前值等于设定值 3，Y6 使工件松开，松开到位时，限位开关 X7 为 ON，系统返回初始状态。

4. 注意事项

　　1）通电前必须在指导教师的监护和允许下进行。

　　2）要做到安全操作和文明生产。

5. 评分

　　评分细则见评分表。

"步进指令综合实训"技能自我评分表

项　　　目	技术要求	配分/分	评分细则	评分记录
工作前的准备	清点实训操作所需的设备器件	5	每漏检或错检一件，扣 1 分	
绘制 I/O 地址分配表和接线图	正确绘制 I/O 地址分配表和接线图	5	地址遗漏，每处扣 1 分 接线图绘制错误，每处扣 1 分	
安装接线	按照 PLC 控制 I/O 接线图正确、规范安装线路	20	线路布置不整齐、不合理，每处扣 2 分 接线不规范，每根扣 0.5 分 不按 I/O 接线图接线，每处扣 5 分 损坏元件，每个扣 5 分	
程序设计	1. 按照控制要求设计梯形图 2. 将程序熟练写入 PLC 中	40	不能正确达到功能要求，每处扣 5 分	
			地址与 I/O 分配表和接线图不符，每处扣 5 分	
			不会将程序写入 PLC 中，扣 10 分	
			将程序写入 PLC 中不熟练，扣 10 分	
运行调试	正确运行调试	10	不会联机调试程序，扣 10 分 联机调试程序不熟练，扣 5 分 不会监控调试，扣 5 分	
清洁	设备器件、工具摆放整齐，工作台清洁	10	乱摆放设备器件、工具，乱丢杂物，完成任务后不清理工位，扣 10 分	
安全生产	安全着装，按操作规程安全操作	10	没有安全着装，扣 5 分 操作不规范，扣 5 分 出现事故，总分计 0 分	
额定工时（根据每个实训任务要求的工时确定）	超时，此项从总分中扣分		每超过 5min，扣 3 分	

思 考 题

1. 浏览网站或查阅三菱《PLC 编程手册》，了解学习步进指令编程。
2. 在单元 3 基本指令的应用中，哪些课题用步进指令编程更加便捷？

单元 5 常用功能指令的应用

FX 系列 PLC 提供了 128 种共计 298 条功能指令。功能指令也称为应用指令，可分为程序控制、传送与比较、算术与逻辑运算、移位与循环、高速处理指令等。在设计程序时，充分利用功能指令，既能简化程序设计，又能完成复杂的数据处理、数值运算，便于实现生产过程的闭环控制。

课题 5.1 功能指令简介

> 📖 **学习目标**
> 1. 知道功能指令的格式。
> 2. 知道功能指令的规则。
> 3. 会在 GX Developer 软件中录入功能指令。

5.1.1 功能指令的格式

FX 系列 PLC 的功能指令是按照功能编号 FNC00～FNC246 来编排的，每一个功能编号表示一条功能指令，同时对应一个助记符。功能指令主要由功能指令助记符（功能指令名称）和操作元件两大部分组成，如图 5.1.1 所示。

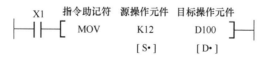

图 5.1.1 功能指令的格式

1. 功能指令助记符

功能指令助记符是用该指令的英文缩写符来表示的。FX 系列中功能指令按功能号 FNC00～FNC246 编排，每条功能指令都有一个助记符。功能指令助记符在很大程度上反映了该功能指令的特征。如图 5.1.1 所示，其中的助记符为 MOV 的功能指令。如编号为 FNC12，则功能特征为传送指令。

2. 功能指令的操作元件

操作元件（数）是功能指令中参与操作的对象，是指功能指令所涉及或产生的数据及数据存储的地址。操作元件分为源操作元件（数）、目标操作元件（数）等。

（1）源操作元件

源操作元件用［S］表示，若用变址功能，源操作元件表示为［S·］形式。源操作元件不止一个时，用［S1·］、［S2·］表示，在指令执行后不改变其内容的操作数。

（2）目标操作元件

目标操作元件用［D］表示，若用变址功能，源操作元件表示为［D·］形式。目标操作元件不止一个时，用［D1·］、［D2·］表示，在指令执行后将改变其内容的操作数。

（3）其他操作元件 n 或 m

其他操作元件用来表示常数。常数前冠 K 表示十进制数，冠 H 表示十六进制数。

源操作元件和目标操作元件需要注释的项目较多时，可采用 n1、n2、n3 的形式。

5.1.2　功能指令的规则

1. 功能指令执行的形式

功能指令有连续执行型、脉冲执行型（P）两种形式。

图 5.1.1 所示是连续执行型功能指令，指令在每个扫描周期内都被执行。

图 5.1.2 所示是脉冲执行型（P）功能指令，仅在触点由断开转为闭合时执行。

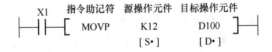

图 5.1.2　功能指令 MOVP（脉冲执行型）

2. 数据格式

（1）数据长度

功能指令可处理 16 位和 32 位数据。

1）16 位。PLC 中的数据寄存器 D、计数器 C0～C199 的当前值寄存器存储的都是 16 位的数据，每位都只有数字 0 或 1。

2）32 位（D）。相邻两个数据寄存器可以组合起来，存储 32 位的数据。计数器 C200～C234 为双向计数器，其当前值寄存器为 32 位的寄存器，可作为 32 位数据寄存器使用。处理 32 位数据时，元件号相邻的两个元件组成元件对。元件对的首位统一用偶数编号，以免错误。

（2）位元件

位元件用来表示开关量的状态，如常开触点的通、断，线圈的通电和断电，两种状态分别用二进制数 1 和 0 表示，或称为该元件处于 ON 或 OFF 状态。输入继电器 X、输出继电器 Y、辅助继电器 M 为位元件。

FX 系列 PLC 用 Kn 加首元件（最低位）表示连续的位元件组，每组由 4 个连续的位元件组成。例如，K1Y0 表示 1 个位元件组，由 Y0～Y3 组成，最低位是 Y0，最高位是 Y3。又如，K4Y0 表示 4 个位元件组，由 Y0～Y15 组成，最低位是 Y0，最高位是 Y15。

建议在使用成组位元件时，首元件地址的最低位为 0，如 X0、X10、Y0、Y20 等。功能指令中的操作数可取 K（十进制常数）和 H（十六进制常数）。

（3）字元件

字元件用来处理数据。例如，定时器 T、计数器 C 的设定值寄存器，当前值寄存器和数据寄存器 D 都是字元件，X、Y、M、S 等也可以组成字元件来进行数据处理。PLC 可按以下方式存取字数据。

1）二进制补码。

在 PLC 内部，数据都是以二进制补码的形式存储的，所有四则运算都使用二进制数。二进制补码最高为 15 位，第 15 位为符号位，0 为正数，1 为负数。最大的二进制数 0111 1111 1111 1111 对应的十进制数是 32767。

2）十六进制数。

十六进制数使用 16 个数字符号，即 0～9 和 A～F，A～F 分别对应十进制数的 10～15。十六进制数采用逢 16 进 1 的运算规则。

一个 4 位二进制数可以转换为 1 位十六进制数，如二进制数 1010111001110101 可以转换为十六进制数 AE75。

3）BCD 码。

BCD 码是按照二进制编码的十进制数。每位十进制数用 4 位二进制数表示，0～9 对应的二进制数为 0000～1001。十进制数采用逢十进 1 的运算规则。以 BCD 码 1001011001110101 为例，对应的十进制数为 9675，最高的 4 位二进制数 1001 实际上表示 9000。16 位 BCD 码对应的十进制数，允许的最大数字为 9999，最小数字为 0000。从 PLC 外部的数字拨码开关输入的数据是 BCD 码，PLC 送给外部的 7 段显示器的数据一般也是 BCD 码。

3. 变址寄存器

PLC 内部有两个变址寄存器 V 与 Z，都是 16 位数据寄存器。变址寄存器在传送、比较等功能指令中用来修改操作对象的元件号。

对 32 位指令，V 与 Z 是自动组对使用的。V 为高 16 位，Z 为低 16 位。32 位指令中用到变址寄存器时，只需指定 Z，即 Z 就代表了 V 和 Z 的组合。

可编程序控制器及其应用（三菱）

如图 5.1.3 所示，如果 V＝10，Z＝20，则 D5V＝（5＋10）＝D15，D10Z＝（10＋20）＝D30。该功能指令执行的操作是将 D15 中的数据传送到 D30 中。

```
      X1
    ──┤├──[  MOV      K5V      D10Z  ]──
```

图 5.1.3　变址寄存器的应用

5.1.3　常用的功能指令

1. 比较和传送指令

比较和传送功能指令共 10 条，它们分别是 CMP 比较、ZCP 区间比较、MOV 传送、SMOV BCD 码数码移位、CML 取反传送、BMOV 成批传送、FMOV 多点传送、XCH 变换传送、BCD 等功能指令。其基本功能见表 5.1.1。

表 5.1.1　比较和传送指令的功能

指令名称	助记符	指令代码	指令格式	功能
比较指令	CMP	FNC10	X0 ──┤├──[CMP S1 S2 D]──	S1 与 S2 比较，结果送到目标元件 D 中
区间比较指令	ZCP	FNC11	X0 ──┤├──[ZCMP S1 S2 S D]──	S 与 S1、S2 比较，结果送到目标元件 D 中
传送指令	MOV	FNC12	X0 ──┤├──[MOV S D]──	将 S 的数据送到目标元件 D 中
移位传送指令	SMOV	FNC13	X0 ──┤├──[SMOV S ml m2 D n]──	将 S 的第 m1 位开始的 m2 个数移位到 D 的第 n 个位置
取反传送指令	CML	FNC14	X0 ──┤├──[CML S D]──	S 取反后送到 D 中
成批传送指令	BMOV	FNC15	X0 ──┤├──[BMOV S D n]──	把 S 成批从 n 点到 n 点传送到 D
多点传送指令	FMOV	FNC16	X0 ──┤├──[FMOV S D n]──	把 S 成批从 1 点到 n 点传送到 D
数据交换指令	XCH	FNC17	X0 ──┤├──[XCH D1 D2]──	D1 与 D2 的数据相互交换
BCD 码变换指令	BCD	FNC18	X0 ──┤├──[BCD S D]──	把 S 中的 16 位或 32 位二进制数转换成 4 位或 8 位后再送到 D 中

现就使用频率较高的比较指令和传送指令举例说明其应用。

（1）比较指令 CMP

比较指令 CMP 用于比较两个数值的大小，其使用方法如图 5.1.4 所示。

当 X0 闭合时，比较 ［S1·］和 ［S2·］中数值的大小，其结果驱动 ［D·］触点的输出。［D·］包括三个触点，在程序中出现的是最小标号，在程序中表示 M0、M1、M2 三个辅助继电器。

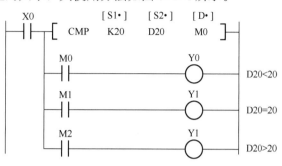

图 5.1.4　比较指令 CMP 的使用方法

当 ［S2·］＜ ［S1·］时，即 D20＜K20 时，M0 触点闭合，Y0 线圈得电；

当 ［S2·］＝ ［S1·］时，即 D20＝K20 时，M1 触点闭合，Y1 线圈得电；

当 ［S2·］＞ ［S1·］时，即 D20＞K20 时，M2 触点闭合，Y2 线圈得电。

M0、M1、M2 的状态只由 CMP 指令的比较结果决定。如果 X0 断开，M0、M1、M2 仍然保持前一个扫描周期的结果。如果比较结果需要清零（复位），需要用 RST 指令将比较结果复位，如图 5.1.5 所示。

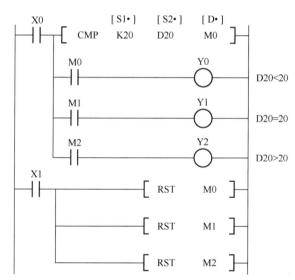

图 5.1.5　CMP 指令比较结果复位方法

注意事项：

1）一条 CMP 指令从最低位开始自动用到三个操作数（如图 5.1.4 中的 M0、M1、M2），如果只指定了一个或者两个操作数就会出错。

2）操作元件 ［D·］的指定超出范围（Y、M、S）会出错。例如，X、T、D、C 被指定为目标元件就会出错。

（2）区间比较指令 ZCP

区间比较指令 ZCP 用于数值与区间的比较，其使用方法如图 5.1.6 所示。

［S1·］［S2·］组成一个区间，［S1·］是区间的下限，［S2·］是区间的上限，规定 ［S1·］不能大于 ［S2·］。［D·］是比较结果，分别由 M10、M11、M12 三个辅助继电器组成。

当 ［S·］＜ ［S1·］时，即 C0＜D10 时，M10 触点闭合，Y0 线圈得电；

当 ［S1·］≤ ［S·］≤ ［S2·］时，即 D10≤C0≤D20 时，M11 触点闭合，Y1 线圈得电；

当 ［S·］＞ ［S1·］时，即 C0＞D20 时，M12 触点闭合，Y2 线圈得电。

M10、M11、M12 的状态只与 ZCP 比较的结果有关，当 X20 闭合时，M10、M11、

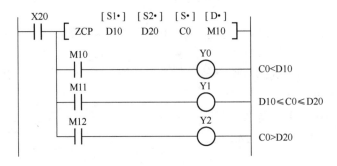

图 5.1.6　区间比较指令 ZCP 的使用方法

M12 保持前一扫描周期的结果。如果比较结果需要清零（复位），需要用 RST 指令将比较结果复位，如图 5.1.7 所示。也可采用 ZRST 成批复位指令进行复位。

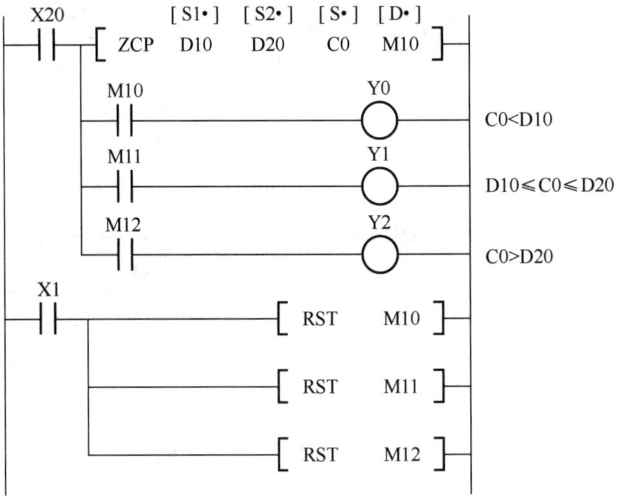

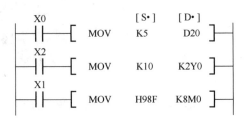

图 5.1.7　ZCP 指令比较结果复位方法

（3）传送指令 MOV

MOV 传送指令的功能是将源数据传送到指定的目标。其使用方法如图 5.1.8 所示。

图 5.1.8　传送指令 MOV 的使用方法

运行图 5.1.8 中的程序，结果如下：

1）当 X0 闭合时，源操作数数据 K5 被传送到目标操作地址 D20 中，其结果是

D20 中存储的是 5。当 X0 断开时，指令不执行，数据保持不变。

2）当 X2 闭合时，则将源数据十进制数 K10 传送到目标操作元件 K2Y0，Y7～Y0 分别输出 00001010，即 Y3、Y1 线圈得电，其余 Y 线圈断电。在指令执行时，常数 K10 会自动转换成二进制数。当 X0 断开时，则 MOV 指令不执行，数据保持不变。

3）当 X1 闭合时，则将源数据十六进制数 H98FC 传送到目标操作元件 K8M0，M31～M0 分别输出 0000，0000，0000，0000，1001，1000，1111，1100，即 M15、M12、M11、M7～M2 线圈得电，其余断电。在指令执行时，常数 H98FC 会自动转换成二进制数。当 X1 断开时，MOV 指令不执行，数据保持不变。

2. 移位指令

移位指令主要有位移位指令和字移位指令两种，它们分别是位右移指令 SFTR、位左移指令 SFTL、字右移指令 WSFR、字左移指令 WSFL。其基本功能见表 5.1.2。

表 5.1.2　移位指令的功能

指令名称	助记符	指令代码	指令格式	功能
位右移指令	SFTR	FNC34	─┤X0├─ SFTR　S　D　n1　n2 ─┤	把 n1 个目标位元件中的数据成组地向右移动 n2 位，n2 个源位元件中的数据被补充到空出的目标位元件中
位左移指令	SFTL	FNC35	─┤X0├─ SFTL　S　D　n1　n2 ─┤	把 n1 个目标位元件中的数据成组地向左移动 n2 位，n2 个源位元件中的数据被补充到空出的目标位元件中
字右移指令	WSFR	FNC36	─┤X0├─ WSFR　S　D　n1　n2 ─┤	把 n1 个目标字元件中的数据成组地向右移动 n2 位，n2 个源字元件中的数据被补充到空出的目标字元件中
字左移指令	WSFL	FNC37	─┤X0├─ WSFL　S　D　n1　n2 ─┤	把 n1 个目标字元件中的数据成组地向左移动 n2 位，n2 个源字元件中的数据被补充到空出的目标字元件中

现举例说明其使用。

（1）位右移指令 SFTR、位左移指令 SFTL

位右移指令 SFTR 和位左移指令 SFTL 的功能是把 n1 个目标位元件中的数据成组地向右（SFTR）或向左（SFTL）移动 n2 位，n2 个源位元件中的数据被补充到空出的目标位元件中。其使用方法如图 5.1.9 所示。

［S·］为移位的源位元件首地址，［D·］为移位的目标位元件首地址，n1 为目标位元件个数，n2 为源位元件移位个数。位右（左）移是指源的低（高）位将从目标的高（低）位移入，目标向右（左）移 n2 位，源位元件中的数据保持不变。位右（左）移指令执行后，n2 个源位元件中的数被传送到了目标的高（低）n2 位中，目标位元件中的低（高）n2 位数从其低（高）端溢出。

在图 5.1.9 中，如果 X20 接通，将执行位元件右移操作，即源中 X1、X0 两位数据将被传送到目标中的 M7~M0，目标中 M7~M0 位数据将右移 2 位，M1、M0 两位数据从目标源低位端移出，所以 M1、M0 中原来的内容将会丢失，但源中 X1、X0 的数据保持不变。执行位元件右移指令的结果如图 5.1.10 所示。

图 5.1.9　位右移指令 SFTR 和位左移指令 SFTL 的使用方法

同理，在图 5.1.9 中，如果 X30 接通，将执行位元件左移操作，即源中 X0 位数据将被传送到目标中的 M7~M0，目标中 M7~M0 位数据将左移 1 位，M7 位数据从目标源高位端移出，所以 M7 中原来的内容将会丢失，但源中 X0 的数据保持不变。执行位元件左移指令的结果如图 5.1.11 所示。

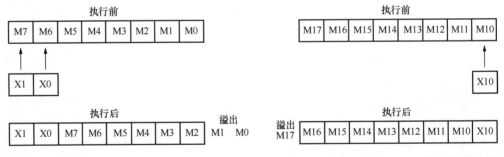

图 5.1.10　位右移指令 SFTR 执行结果示意图　　图 5.1.11　位左移指令 SFTL 执行结果示意图

在使用上述连续指令时，每个扫描周期都会进行一次位元件右移。实际控制中常常要求驱动条件 X20（X30）由 OFF→ON 时才进行一次位元件右移（左移），解决的办法是改用脉冲方式。将上述指令改为脉冲操作方式时，指令格式为

$$［SFTR（P）\quad X0\quad M0\quad K8\quad K2］$$

或

$$［SFTL（P）\quad X0\quad M0\quad K8\quad K1］$$

能够充当源操作数的是各类继电器和状态元件，如 X、Y、M、S；能够充当目标操作数的是输出继电器、辅助继电器及状态元件，如 Y、M、S；能够充当 n1 和 n2 的

只有常数 K 和 H，而且要求满足 n2≤n1≤1024。不同机型的 n1 和 n2 略有差异，如 FX0 和 FX0N 机型要求满足 n2≤n1≤512。

（2）字右移指令 WSFR、字左移指令 WSFL

字右移指令 WSFR 和字左移指令 WSFL 的功能是把 n1 个目标字元件中的数据成组地向右（WSFR）或向左（WSFL）移动 n2 位，n2 个源字元件中的数据被补充到空出的目标字元件中。其使用方法如图 5.1.12 所示。

［S·］为移位的源字元件首地址，［D·］为移位的目标字元件首地址，n1 为目标字元件个数，n2 为源字元件移位个数。字元件右（左）移是指源的低（高）位将从目的高（低）位移入，目标字元件向右（左）移 n2 字，源字元件中的数据保持不变。字右（左）移指令执行后，n2 个源字元件中的数右（左）移到了目标高（低）n2 字中，目标字元件中的低（高）n2 个字从其高（低）端溢出。

在图 5.1.12 中，如果 X0 接通，将执行字元件右移操作，源中 D1、D0 两个字数据被传送到目标中的 D17、D16，目标中 D17～D10 字数据右移 2 个字位置，D11、D10 两个字数据从目标的低端溢出，所以 D11、D10 中原来的内容将会丢失。执行上述字元件右移指令的结果如图 5.1.13 所示。

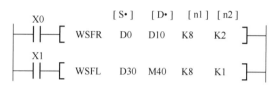

图 5.1.12　字右移指令 WSFR 和字左移指令 WSFL 的使用方法

同理，在图 5.1.12 中，如果 X1 接通，将执行字元件左移操作，源中 D30 字数据被传送到目标中的 D40，目标中 D47～D40 字数据左移 1 个字位置，D47 字数据从目标的高端溢出，所以 D47 中原来的内容将会丢失。执行上述字元件左移指令的结果如图 5.1.14 所示。

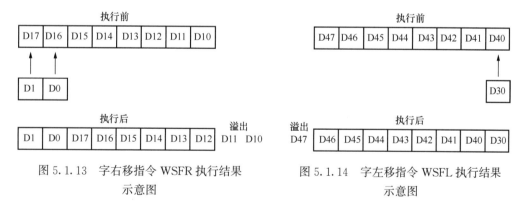

图 5.1.13　字右移指令 WSFR 执行结果示意图

图 5.1.14　字左移指令 WSFL 执行结果示意图

能够充当源操作数的是各类继电器和状态 S 的位组合，以及字元件 T、C、D；能够充当目标操作数的是输出继电器、辅助继电器及状态元件的位组合，以及字元件 T、C、D、KnY、KnM、KnS；能够充当 n1 和 n2 的只有常数 K 和 H，而且要求满足 n2≤n1≤1024。不同机型的 n1 和 n2 略有差异，如 FX0 和 FX0N 机型要求满足 n2≤n1≤512。

3. 四则运算指令

四则运算功能指令共 6 条，其基本功能见表 5.1.3。

表 5.1.3 四则运算指令的功能

指令名称	助记符	指令代码	指令格式	功能
加法指令	ADD	FNC20	X0 ⊢⊢ [ADD S1 S2 D]	S1+S2→D
减法指令	SUB	FNC21	X0 ⊢⊢ [SUB S1 S2 D]	S1−S2→D
乘法指令	MUL	FNC22	X0 ⊢⊢ [MUL S1 S2 D]	S1×S2→D
除法指令	DIV	FNC23	X0 ⊢⊢ [DIV S1 S2 D]	S1÷S2→D，余数送到下一个目标元件中
加 1 指令	INC	FNC24	X0 ⊢⊢ [INC D]	D+1→D
减 1 指令	DEC	FNC25	X0 ⊢⊢ [DEC D]	D−1→D

现举例说明其使用。

（1）加法指令 ADD、减法指令 SUB

加法指令 ADD 的功能是将源元件中的二进制数相加，结果送到指定的目标元件。减法指令 SUB 的功能是将源元件中的二进制数相减，结果送到指定的目标元件。加法指令 ADD、减法指令 SUB 的使用方法如图 5.1.15 所示。

图 5.1.15 加法指令 ADD、减法指令 SUB 的使用方法

1）加法指令 ADD 的使用注意事项。

① 加法指令在执行时影响三个常用的标志位，即 M8020 零标志、M8021 借位标志和 M8022 进位标志。当运算结果为 0 时，M8020 置 "1"；当运算结果超过 32767（16 位）或 2147483647（32 位）时，M8022 置 "1"；当运算结果小于−32768（16 位）或−2147483648 时，M8021 置 "1"。

② 数据为有符号的二进制数，最高位为符号位（0 为正，1 为负）。

③ 源操作数可取所有数据格式，目标操作数可取 KnY、KnM、KnS、T、C、D、V 和 Z。

④ ADD（P）占 7 个程序步，DADD（P）占 13 个程序步。

2）减法指令 SUB 的使用注意事项。

① M8020、M8021 和 M8022 对减法指令的影响和加法指令相同。

② 数据为有符号的二进制数，最高位为符号位（0 为正，1 为负）。

③ 源操作数可取所有数据格式，目标操作数可取 KnY、KnM、KnS、T、C、D、V 和 Z。

④ SUB（P）占 7 个程序步，DSUB（P）占 13 个程序步。

（2）乘法指令 MUL、除法指令 DIV

乘法指令 MUL 的功能是将指定的二进制源操作数相乘，结果送到指定的目标操作元件中。

除法指令 DIV 的功能是指定前边的源操作数为被除数，后边的源操作数为除数，运算后所得的商送到指定的目标元件中，余数送到目标元件的下一个元件。

乘法指令 MUL、除法指令 DIV 的使用方法如图 5.1.16 所示。

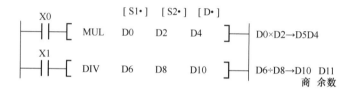

图 5.1.16 乘法指令 MUL、除法指令 DIV 的使用方法

1）乘法指令 MUL 的使用注意事项。

① 目标位元件的位数如果小于运算结果的倍数，只能保存结果的低位。

② 数据为有符号的二进制数，最高位为符号位（0 为正，1 为负）。

③ 源操作数可取所有数据格式，目标操作数可取 KnY、KnM、KnS、T、C、D、V 和 Z，Z 只有在 16 位乘法时可用，32 位乘法不可用。

④ MUL（P）占 7 个程序步，DMUL（P）占 13 个程序步。

2）除法指令 DIV 的使用注意事项。

① 除法运算中若将位元件指定为［D·］，则无法得到余数，除数为 0 时则会出错。

② 数据为有符号的二进制数，最高位为符号位（0 为正，1 为负）。

③ 操作数可取所有数据格式，目标操作数可取 KnY、KnM、KnS、T、C、D、V 和 Z。

④ DIV（P）占 7 个程序步，DDIV（P）占 13 个程序步。

（3）加 1 指令 INC、减 1 指令 DEC

加 1 指令 INC 的功能是将指定元件中的数值加 1。

减 1 指令 DEC 的功能是将指定元件中的数值减 1。

加 1 指令 INC、减 1 指令 DEC 的使用方法如图 5.1.17 所示。

1）加 1 指令 INC 的使用注意事项。

① 加 1 指令的结果不影响零标志位、借位标志和进位标志。

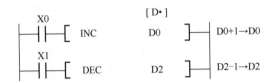

图 5.1.17　加 1 指令 INC、减 1 指令 DEC 的使用方法

　　② 如果是连续指令，则每个周期均做一次加 1 运算。16 位运算中，+32767 再加 1 就变成-32768，+2147483647 再加 1 就变成-2147483648。

　　③ 操作数可取 KnY、KnM、KnS、T、C、D、V 和 Z。

　　④ INC（P）占 3 个程序步，DINC（P）占 5 个程序步。

　　2）减 1 指令 DEC 的使用注意事项。

　　① 减 1 指令的结果不影响零标志位、借位标志和进位标志。

　　② 如果是连续指令，则每个周期均做一次减 1 运算。

　　③ 操作数可取 KnY、KnM、KnS、T、C、D、V 和 Z。

　　④ DEC（P）占 3 个程序步，DDEC（P）占 5 个程序步。

思 考 题

　　1. 浏览网站或查阅三菱《PLC 编程手册》，了解学习其他功能指令。

　　2. 如图 5.1.18 所示，接通 X0 及 X2，则当按 X1 3 次、10 次、15 次时，灯 Y0、Y1、Y2 哪个亮？

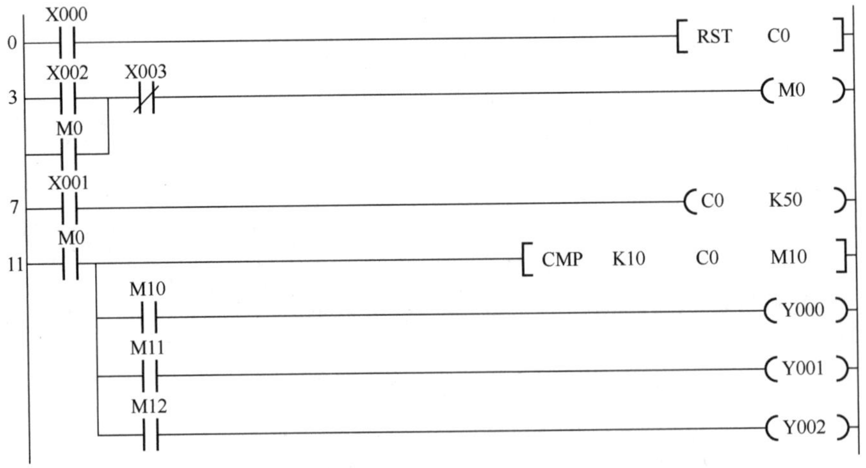

图 5.1.18　思考题 2 图

课题 5.2　简易定时报时器

5.2.1　工作任务

某学校的定时报时器控制要求：早上 6：30 电铃每秒响一次，6 次后自动停止；9：00～17：00 启动宿舍报警系统；晚上 6：00 开启校园内照明；晚上 10：00 关闭校园内照明。

1. 任务分析

1）应用计数器与比较指令，构成 24h 可设定定时时间的控制器，每 15min 为一个设定单位，共 96 个时间单位。

2）电铃、报警系统、园内照明共三个输出点，启停开关、15min 快速调整开关、快速试验开关共三个输入点。

3）在 0：00 时启动定时器。

2. 绘制 I/O 地址分配表和 I/O 接线图

I/O 地址分配表如表 5.2.1 所示；I/O 接线图如图 5.2.1 所示。

表 5.2.1　简易定时报时器控制 I/O 地址分配表

输入元件	输入地址	定　义	输出元件	输出地址	定　义
SB	X0	启停开关	DL	Y0	电铃
SB2	X1	15min 快速调整	HA	Y1	宿舍报警
SB3	X2	快速试验	HL	Y2	校园内照明

注意事项：

1）地址分配表中的输入、输出地址一定要与 I/O 接线图中的地址一致，否则容易造成安装接线、调试错误。

2）I/O 接线图中的输入控制元件，不管在继电器控制线路中同一个元件用了多少

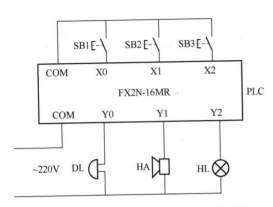

图 5.2.1　简易定时报时器控制 I/O 接线图

个触点，在 PLC 中只用一个触点作为输入点，除热继电器过载保护外，都采用常开触点。

3）绘制 I/O 接线图时，不需要把 PLC 所有的输入、输出点都绘制出来，而是用哪个就绘制哪个。

4）为防止因交流接触器主触点熔焊不能断开而造成的短路事故，在 PLC 外部必须进行硬件联锁。

3. 接线

根据 I/O 接线图完成 PLC 与外接输入元件和输出元件的接线。

1）根据图 5.2.1 所示，先安装接好相应的控制线路。

注意事项：

① 组合开关、熔断器的受电端子在控制板外侧。

② 各元件的安装位置整齐、匀称、间距合理，便于元件的更换。

③ 布线通道尽可能少，同路并行导线按主电路、控制电路分类集中、单层密布、紧贴安装面板。

④ 同一平面的导线应高低一致或前后一致，不得交叉。布线应横平竖直、分布均匀，变换方向时应垂直。

⑤ 布线时以接触器为中心，由里向外，由低至高，先电源电路，再控制电路，后主电路，以不妨碍后续布线为原则。

2）控制板与 PLC 输入、输出元件连接。

注意事项：

① 因 FX2N-16MR 每个输出点的 COM 是独立的，且控制对象是一个电压等级（电铃、报警、照明都为 AC 220V），可以将 COM 端口在 PLC 上直接连接在一起。

② PLC 的 220V 工作电源应独立分开，不得与控制电源接在一起。

4. 根据工艺控制要求编写程序

根据工艺要求和分析设计出梯形图。参考程序梯形图如图 5.2.2 所示，指令语句表如图 5.2.3 所示。

5. 将编写好的程序传送到 PLC

1）连接好计算机与 PLC。
2）将 PLC 的工作模式开关拨向下方，将工作模式置于停止模式。
3）向 PLC 供电，将程序传送到 PLC 中。

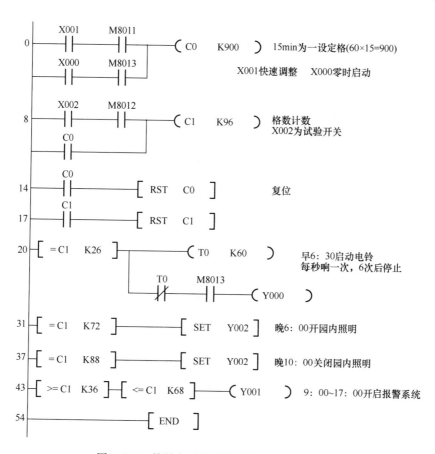

图 5.2.2　简易定时报时器控制参考程序梯形图

0	LD	X001			20	LD=	C1	K26
1	AND	M8011			25	OUT	T0	K60
2	LD	X000			28	ANI	T0	
3	AND	M8013			29	AND	M8013	
4	ORB				30	OUT	Y000	
5	OUT	C0	K900		31	LD=	C1	K72
8	LD	X002			36	SET	Y002	
9	AND	M8012			37	LD=	C1	K88
10	OR	C0			42	RST	Y002	
11	OUT	C1	K96		43	LD>=	C1	K36
14	LD	C0			48	AND<=	C1	K68
15	RST	C0			53	OUT	Y001	
17	LD	C1			54	END		
18	RST	C1						

图 5.2.3　简易定时报时器控制参考程序指令语句表

6. 运行调试

1）将 PLC 的工作模式开关拨向上方，将工作模式置于运行模式。

2）打开监控模式。

3）操作启/停按钮，观察程序是否正常运行，PLC上的输出指示灯是否有指示。

4）程序运行正常，将控制板电源开关合上，进行联动运行，仔细观察电动机的运行状态。

5.2.2　触点比较功能指令

在图 5.2.3 中可以看到有 LD=、AND<=等指令，这些是触点比较功能指令。触点比较指令有 LD=、LD>、LD<、LD< >、LD<=、LD>=、AND=、AND >、AND <、AND < >、AND<=、AND>=、OR=、OR >、OR <、OR < >、OR<=、OR>=，共计 18 条。

1. LD=、LD>、LD<、LD< >、LD<=、LD>=指令

LD 是将比较触点连接到母线上的触点比较指令。触点的通/断取决于比较条件是否成立。该组指令的形式与触点的通/断条件见表 5.2.2，编程举例如图 5.2.4 所示。

表 5.2.2　LD 比较指令的功能

指令名称	指令代码	接通条件	不接通条件
LD=	FNC224	S1=S2	S1≠S2
LD>	FNC225	S1>S2	S1≤S2
LD<	FNC226	S1<S2	S1≥S2
LD< >	FNC228	S1≠S2	S1=S2
LD<=	FNC229	S1≤S2	S1>S2
LD>=	FNC230	S1≥S2	S1<S2

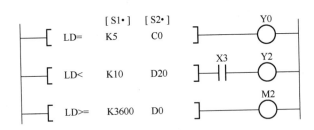

图 5.2.4　LD 比较指令的应用

1）C0 的当前值等于 5 时，Y0 线圈得电。

2）D20 的值小于 10，且 X3 闭合时，Y2 线圈得电。

3）D0 的值大于或等于 3600 时，M2 线圈得电。

2. AND=、AND >、AND <、AND < >、AND>=、AND<=指令

AND 是将比较触点与其他接点作串联连接的触点比较指令，AND 开始的触点型指令串联在其他触点后面。触点的通/断取决于比较条件是否成立。该组指令的形式与触点的通/断条件见表5.2.3，编程举例如图5.2.5所示。

表 5.2.3　AND 比较指令的功能

指令名称	指令代码	接通条件	不接通条件
AND=	FNC232	S1=S2	S1≠S2
AND＞	FNC233	S1>S2	S1≤S2
AND＜	FNC234	S1<S2	S1≥S2
AND＜＞	FNC236	S1≠S2	S1=S2
AND＜=	FNC237	S1≤S2	S1>S2
AND＞=	FNC238	S1≥S2	S1<S2

图 5.2.5　AND 比较指令的应用

3. OR=、OR＞、OR＜、OR＜＞、OR＞=、OR＜=指令

OR 是将比较触点与其他接点作并联连接的触点比较指令，即 OR 开始的触点型比较指令与其他触点并联。触点的通/断取决于比较条件是否成立。该组指令的形式与触点的通/断条件见表5.2.4，编程举例如图5.2.6所示。

表 5.2.4　OR 比较指令的功能

指令名称	指令代码	接通条件	不接通条件
OR=	FNC240	S1=S2	S1≠S2
OR＞	FNC241	S1>S2	S1≤S2
OR＜	FNC242	S1<S2	S1≥S2
OR＜＞	FNC244	S1≠S2	S1=S2
OR＜=	FNC245	S1≤S2	S1>S2
OR＞=	FNC246	S1≥S2	S1<S2

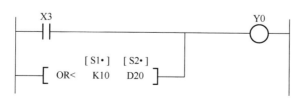

图 5.2.6　OR 比较指令的应用

5.2.3 实训操作

1. 实训目的

熟练使用常用的功能指令，根据工艺控制要求掌握功能指令的编程和调试方法，能够使用 PLC 解决实际问题。

2. 实训设备

实训设备有计算机、FX2N-16MR、SC09 通信电缆、开关板（600mm×600mm）、熔断器、信号灯、组合开关、按钮、导线等。

3. 任务要求

有一组彩灯 L1～L8，要求隔灯显示，每 2s 变换一次，反复进行；用传送指令实现控制，一个开关实现启停。

4. 注意事项

1）通电前必须在指导教师的监护和允许下进行。
2）要做到安全操作和文明生产。

5. 评分

评分细则见评分表。

"彩灯交替点亮控制实训操作"技能自我评分表

项　目	技术要求	配分/分	评分细则	评分记录
工作前的准备	清点实训操作所需的设备器件	5	每漏检或错检一件，扣 1 分	
绘制 I/O 地址分配表和接线图	正确绘制 I/O 地址分配表和接线图	5	地址遗漏，每处扣 1 分 接线图绘制错误，每处扣 1 分	
安装接线	按照 PLC 控制 I/O 接线图正确、规范安装线路	20	线路布置不整齐、不合理，每处扣 2 分 接线不规范，每根扣 0.5 分 不按 I/O 接线图接线，每处扣 5 分 损坏元件，每个扣 5 分	
程序设计	1. 按照控制要求设计梯形图 2. 将程序熟练写入 PLC 中	40	不能正确达到功能要求，每处扣 5 分	
			地址与 I/O 分配表和接线图不符，每处扣 5 分	
			不会将程序写入 PLC 中，扣 10 分	
			将程序写入 PLC 中不熟练，扣 10 分	

项　目	技术要求	配分/分	评分细则	评分记录
运行调试	正确运行调试	10	不会联机调试程序，扣 10 分 联机调试程序不熟练，扣 5 分 不会监控调试，扣 5 分	
清洁	设备器件、工具摆放整齐，工作台清洁	10	乱摆放设备器件、工具，乱丢杂物，完成任务后不清理工位，扣 10 分	
安全生产	安全着装，按操作规程安全操作	10	没有安全着装，扣 5 分 操作不规范，扣 5 分 出现事故，总分计 0 分	
额定工时 240min	超时，此项从总分中扣分		每超过 5min，扣 3 分	

思　考　题

1. 浏览网站或查阅三菱《PLC 编程手册》，了解学习其他功能指令。

2. 分析图 5.2.7 所示梯形图的运行结果是什么。

```
X0
─┤├──────[ MOV    K100    D0  ]
         [ MOV    K150    D1  ]
         [ CMP    D0    D1    Y0 ]
```

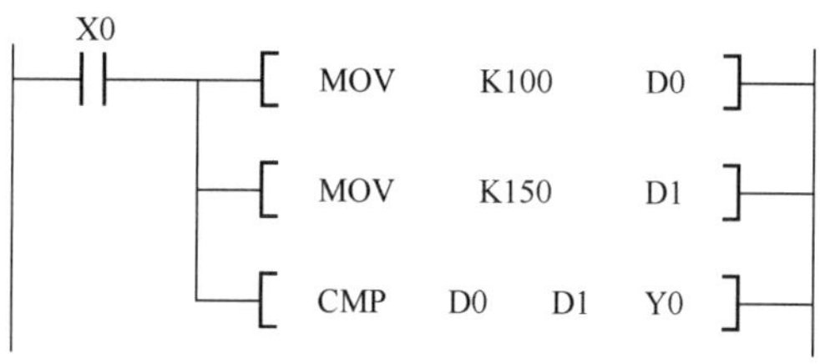

图 5.2.7　思考题 2 图

3. 分析图 5.2.8 所示梯形图的运行结果是什么。

```
X0
─┤├──────[ MOV    K100    D0  ]
         [ MOV    K150    D10 ]
         [ CDD    D0    D10   D20 ]
```

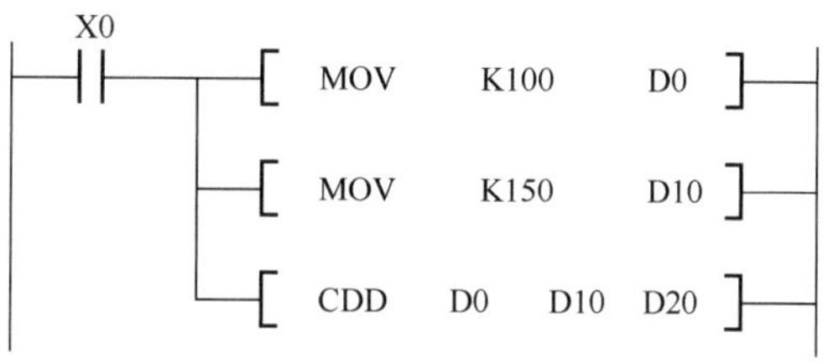

图 5.2.8　思考题 3 图

课题 5.3　步进电动机控制

 学习目标

1. 熟练使用功能指令。
2. 会使用功能指令编程。
3. 知道 PLC 与输入部件、控制部件的接线。
4. 通过控制任务设计程序学习提高编程能力。
5. 进一步熟悉功能指令在 GX Developer 编程软件中的使用。

5.3.1　工作任务

如图 5.3.1 所示是三相三拍步进电动机工作原理示意图，其正转按 AB→BC→CA →AB→…的顺序通电，反转按 CA→BC→AB→CA→…的顺序通电。要求用 PLC 位移功能指令实现步进电动机正反转和调速控制（调速范围为 2～500 步/s）。

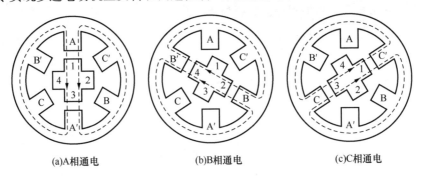

(a)A相通电　　　　　　　(b)B相通电　　　　　　　(c)C相通电

图 5.3.1　三相三拍步进电动机工作原理示意图

1. 任务分析

脉冲列由 Y10～Y12（晶体管输出）送出，作为步进电动机驱动电源功放电路的输入。

程序中采用积算定时器 T246 作为脉冲发生器，设定值为 K2～K500，定时为 2～500ms，则步进电动机可获得 500～2 步/s 的变速范围。X0 为正反转切换开关（X0 为 OFF 时正转，X0 为 ON 时反转），X2 为启动按钮，X3 为减速按钮，X4 为增速按钮。

2. 绘制 I/O 地址分配表和 I/O 接线图

I/O 地址分配表如表 5.3.1 所示；I/O 接线图如图 5.3.2 所示。

表 5.3.1　步进电动机控制 I/O 地址分配表

输入元件	输入地址	定　义	输出元件	输出地址	定　义
SB1	X0	正反转切换按钮	A	Y10	A 相绕组
SB2	X2	启动按钮	B	Y11	B 相绕组
SB3	X3	减速按钮	C	Y12	C 相绕组
SB4	X4	增速按钮			

注意事项：

1）地址分配表中的输入、输出地址一定要与 I/O 接线图中的地址一致，否则容易造成安装接线、调试错误。

2）I/O 接线图中的输入控制元件，不管在继电器控制线路中同一个元件用了多少个触点，在 PLC 中只用一个触点作为输入点，除热继电器过载保护外，都采用常开触点。

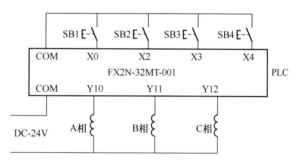

图 5.3.2　步进电动机控制 I/O 接线图

3）绘制 I/O 接线图时，不需要把 PLC 所有的输入、输出点都绘制出来，而是用哪个就绘制哪个。

4）为防止因交流接触器主触点熔焊不能断开而造成的短路故障，在 PLC 外部必须进行硬件联锁。

3. 接线

根据 I/O 接线图完成 PLC 与外接输入元件和输出元件的接线。

1）根据图 5.3.3 所示，先安装接好相应的线路。

注意事项：

① 组合开关、熔断器的受电端子在控制板外侧。

② 各元件的安装位置整齐、匀称、间距合理，便于元件的更换。

③ 布线通道尽可能少，同路并行导线按主电路、控制电路分类集中、单层密布、紧贴安装面板。

④ 同一平面的导线应高低一致或前后一致，不得交叉。布线应横平竖直、分布均匀，变换方向时应垂直。

⑤ 布线时以接触器为中心，由里向外，由低至高，先电源电路，再控制电路，后主电路，以不妨碍后续布线为原则。

2）控制板与 PLC 输入、输出元件连接。

注意事项：

① 因 FX2N-32MT-001 每组输出点的 COM 是独立的，且控制对象是一个电压等级，可以将 COM 端口在 PLC 上直接连接在一起。

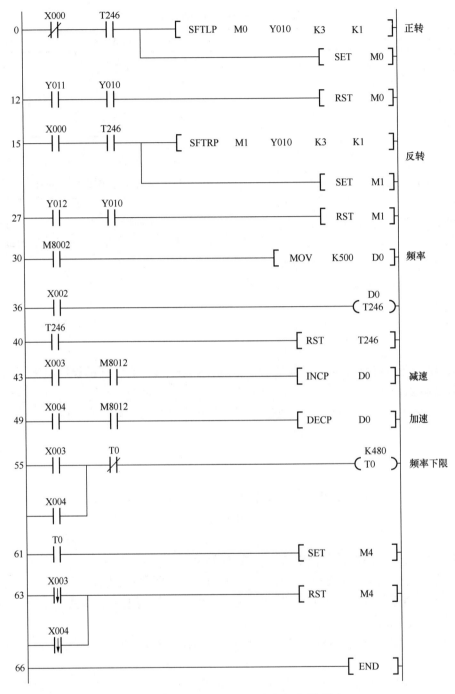

图 5.3.3　步进电动机控制参考程序梯形图

② PLC 的 220V 工作电源应独立分开，不得与控制电源接在一起。

4. 根据工艺控制要求编写程序

根据工艺要求和分析设计出梯形图。参考程序梯形图如图 5.3.3 所示，指令语句表如图 5.3.4 所示。

0	LDI	X000				41	RST	T246	
1	AND	T246				43	LD	X003	
2	SFTLP	M0	Y010	K3	K1	44	AND	M8012	
11	SET	M0				45	ANI	M4	
12	LD	Y011				46	INCP	D0	
13	AND	Y010				49	LD	X004	
14	RST	M0				50	AND	M8012	
15	LD	X000				51	ANI	M4	
16	AND	T246				52	DECP	D0	
17	SFTRP	M1	Y010	K3	K1	55	LD	X003	
26	SET	M1				56	OR	X004	
27	LD	Y012				57	ANI	T0	
28	AND	Y010				28	OUT	T0	K480
29	RST	M1				61	LD	T0	
30	LD	M8002				62	SET	M4	
31	MOV	K500	D0			63	LDF	X003	
36	LD	X002				65	ORF	X004	
37	OUT	T246	D0			67	RST	M4	
40	LD	T246				68	END		

图 5.3.4 步进电动机控制参考程序指令语句表

5. 将编写好的程序传送到 PLC

1）连接好计算机与 PLC。
2）将 PLC 的工作模式开关拨向下方，将工作模式置于停止模式。
3）向 PLC 供电，将程序传送到 PLC 中。

6. 运行调试

1）将 PLC 的工作模式开关拨向上方，将工作模式置于运行模式。
2）打开监控模式。
3）操作启/停按钮，观察程序是否正常运行，PLC 上的输出指示灯是否有指示。
4）程序运行正常，将控制板电源开关合上，进行联动运行，仔细观察运行状态。

5.3.2 实训操作

1. 实训目的

熟练使用常用的功能指令，根据工艺控制要求掌握功能指令的编程和调试方法，能够使用 PLC 解决实际问题。

2. 实训设备

实训设备有计算机、FX2N-16MR、SC09 通信电缆、开关板（600mm×600mm）、熔断器、信号灯、组合开关、按钮、导线等。

3. 任务要求

如图 5.3.5 所示是一个数据条码的图形编辑器，要求能够进行条码增/减修改，保存修改后的数据，并在修改过程中能反映条码的当前值。用位移指令实现控制过程。

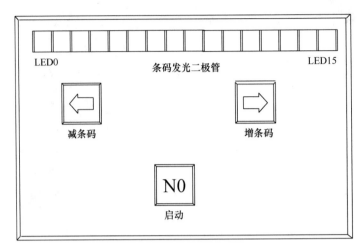

图 5.3.5　数据条码的图形编辑器示意图

4. 注意事项

1) 通电前必须在指导教师的监护和允许下进行。
2) 要做到安全操作和文明生产。

5. 评分

评分细则见评分表。

"数据条码的图形编辑器控制实训操作"技能自我评分表

项　　目	技术要求	配分/分	评分细则	评分记录
工作前的准备	清点实训操作所需的设备器件	5	每漏检或错检一件，扣1分	
绘制 I/O 地址分配表和接线图	正确绘制 I/O 地址分配表和接线图	5	地址遗漏，每处扣1分 接线图绘制错误，每处扣1分	
安装接线	按照 PLC 控制 I/O 接线图正确、规范安装线路	20	线路布置不整齐、不合理，每处扣2分 接线不规范，每根扣0.5分 不按 I/O 接线图接线，每处扣5分 损坏元件，每个扣5分	
程序设计	1. 按照控制要求设计梯形图 2. 熟练将程序写入 PLC 中	40	不能正确达到功能要求，每处扣5分	
			地址与 I/O 分配表和接线图不符，每处扣5分	
			不会将程序写入 PLC 中，扣10分	
			将程序写入 PLC 中不熟练，扣10分	

续表

项　　目	技术要求	配分/分	评分细则	评分记录
运行调试	正确运行调试	10	不会联机调试程序，扣 10 分 联机调试程序不熟练，扣 5 分 不会监控调试，扣 5 分	
清洁	设备器件、工具摆放整齐，工作台清洁	10	乱摆放设备器件、工具，乱丢杂物，完成任务后不清理工位，扣 10 分	
安全生产	安全着装，按操作规程安全操作	10	没有安全着装，扣 5 分 操作不规范，扣 5 分 出现事故总分计 0 分	
额定工时 240min	超时，此项从总分中扣分		每超过 5min，扣 3 分	

思　考　题

1. 浏览网站或查阅三菱《PLC 编程手册》，了解学习其他功能指令。

2. 说明下列所给位元件分别由哪几个元件组合，表示多少位数据。

$$K1X10 \qquad K2Y20 \qquad K3M0 \qquad K4S30$$
$$K5X0 \qquad K6Y10 \qquad K7M20 \qquad K8S20$$

3. 程序梯形图如图 5.3.6 所示，试说明程序运行时 Y1、Y2、Y3 分别在何时得电。

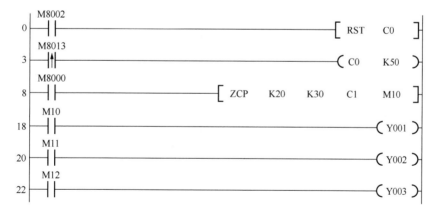

图 5.3.6　思考题 3 图

课题5.4　停车场车位控制

📖 **学习目标**

1. 熟练使用功能指令。
2. 会使用功能指令编程。
3. 知道 PLC 与输入部件、控制部件的接线。
4. 通过控制任务设计程序学习提高编程能力。
5. 进一步熟悉功能指令在 GX Developer 编程软件中的使用。

5.4.1　工作任务

如图 5.4.1 所示为某停车场示意图。该停车场共有 100 个停车位，出入口装有车辆出入检测传感器，用来检测车辆出入数目。

图 5.4.1　停车场示意图

只有停车场有车位，入口栏杆可以开启，让车辆进入停放，并由绿色指示灯指示还有车位。

当停车场车位已满，入口栏杆不能再开启让车辆进入，并由红色指示灯指示车位已满。

1. 任务分析

输入点有系统启动/停止、进/出口检测传感器、进口栏杆开启/关闭限位、出口栏杆开启/关闭限位,共计需要 8 个;输出点有有无车位、进出口栏杆开启/关闭,共计需要 6 个。

2. 绘制 I/O 地址分配表和 I/O 接线图

I/O 地址分配表如表 5.4.1 所示;I/O 接线图如图 5.4.2 所示。

表 5.4.1　停车场车位控制 I/O 地址分配表

输入元件	输入地址	定　义	输出元件	输出地址	定　义
SB1	X0	进口检测传感器	HL1	Y0	有车位
SB2	X1	出口检测传感器	HL2	Y1	车位满
SQ1	X2	进口栏杆开启限位	KM1	Y2	进口栏杆开启
SQ2	X3	进口栏杆关闭限位	KM2	Y3	进口栏杆关闭
SQ3	X4	出口栏杆开启限位	KM3	Y4	出口栏杆开启
SQ4	X5	出口栏杆关闭限位	KM4	Y5	出口栏杆关闭
SB3	X6	系统启动			
SB4	X7	系统停止			

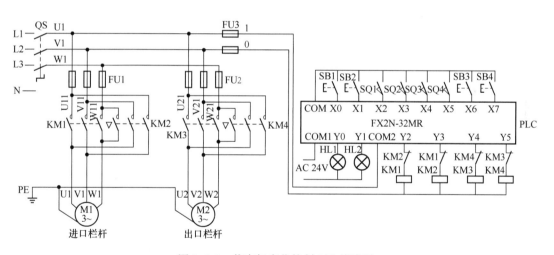

图 5.4.2　停车场车位控制 I/O 接线图

注意事项:

1)地址分配表中的输入、输出地址一定要与 I/O 接线图中的地址一致,否则容易造成安装接线、调试错误。

2)I/O 接线图中的输入控制元件,不管在继电器控制线路中同一个元件用了多少个触点,在 PLC 中只用一个触点作为输入点,除热继电器过载保护外,都采用常开触点。

3)绘制 I/O 接线图时,不需要把 PLC 所有的输入、输出点都绘制出来,而是用哪个就绘制哪个。

4）为防止因交流接触器主触点熔焊不能断开而造成的短路故障，在 PLC 外部必须进行硬件联锁。

3. 接线

根据 I/O 接线图完成 PLC 与外接输入元件和输出元件的接线。

1）根据图 5.4.2 所示，先安装接好相应的线路。

注意事项：

① 组合开关、熔断器的受电端子在控制板外侧。

② 各元件的安装位置整齐、匀称、间距合理，便于元件的更换。

③ 布线通道尽可能少，同路并行导线按主电路、控制电路分类集中、单层密布、紧贴安装面板。

④ 同一平面的导线应高低一致或前后一致，不得交叉。布线应横平竖直、分布均匀，变换方向时应垂直。

⑤ 布线时以接触器为中心，由里向外，由低至高，先电源电路，再控制电路，后主电路，以不妨碍后续布线为原则。

2）控制板与 PLC 输入、输出元件连接。

注意事项：

① 因 FX2N-32MR 每组输出点的 COM 是独立的，且控制对象不是一个电压等级，不可以将 COM 端口在 PLC 上直接连接在一起，要独立分开。

② PLC 的 220V 工作电源应独立分开，不得与控制电源接在一起。

4. 根据工艺控制要求编写程序

根据工艺要求和分析设计出梯形图。参考程序梯形图如图 5.4.3 所示，指令语句表如图 5.4.4 所示。

5. 将编写好的程序传送到 PLC

1）连接好计算机与 PLC。

2）将 PLC 的工作模式开关拨向下方，将工作模式置于停止模式。

3）向 PLC 供电，将程序传送到 PLC 中。

6. 运行调试

1）将 PLC 的工作模式开关拨向上方，将工作模式置于运行模式。

2）打开监控模式。

3）操作启/停按钮，观察程序是否正常运行，PLC 上的输出指示灯是否有指示。

4）程序运行正常，将控制板电源开关合上，进行联动运行，仔细观察运行状态。

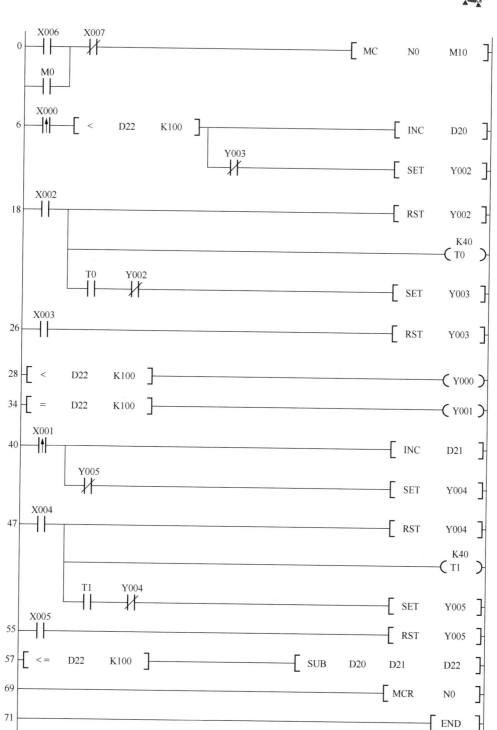

图 5.4.3　停车场车位控制参考程序梯形图

0	LD	X006		40	LDP	X001		
1	OR	M0		42	INC	D21		
2	ANI	X007		45	ANI	Y005		
3	MC	N0	M10	46	SET	Y004		
6	LDP	X000		47	LD	X004		
8	AND<	D22	K100	48	RST	Y004		
13	INC	D20		49	OUT	T1	K40	
16	ANI	Y003		52	AND	T1		
17	SET	Y002		53	ANI	Y004		
18	LD	X003		54	SET	Y005		
19	RST	Y002		55	LD	X005		
20	OUT	T0	K40	56	RST	Y005		
23	AND	T0		57	LD<=	D22	K100	
24	ANI	Y002		62	SUB	D20	D21	D22
25	SET	Y003		69	MCR	N0		
26	LD	X003		71	END			
27	RST	Y003						
28	LD<	D22	K100					
33	OUT	Y000						
34	LD=	D22	K100					
39	OUT	Y001						

图 5.4.4　停车场车位控制参考程序指令语句表

5.4.2　实训操作

1. 实训目的

熟练使用常用功能指令，根据工艺控制要求掌握功能指令的编程和调试方法，能够使用 PLC 解决实际问题。

2. 实训设备

实训设备有计算机、FX2N-16MR、SC09 通信电缆、开关板（600mm×600mm）、熔断器、信号灯、组合开关、按钮、导线等。

图 5.4.5　投币洗车机示意图

3. 任务要求

如图 5.4.5 所示的投币洗车机用于司机清洗车辆，司机每投入 1 元可以使用 10min，其中喷水时间为 5min。按要求设计控制程序。

4. 注意事项

1）通电前必须在指导教师的监护和允许下进行。

2）要做到安全操作和文明生产。

5. 评分

评分细则见评分表。

"投币洗车机控制实训操作"技能自我评分表

项　目	技术要求	配分/分	评分细则	评分记录
工作前的准备	清点实训操作所需的设备器件	5	每漏检或错检一件，扣 1 分	
绘制 I/O 地址分配表和接线图	正确绘制 I/O 地址分配表和接线图	5	地址遗漏，每处扣 1 分 接线图绘制错误，每处扣 1 分	
安装接线	按照 PLC 控制 I/O 接线图正确、规范安装线路	20	线路布置不整齐、不合理，每处扣 2 分 接线不规范，每根扣 0.5 分 不按 I/O 接线图接线，每处扣 5 分 损坏元件，每个扣 5 分	
程序设计	1. 按照控制要求设计梯形图 2. 将程序熟练写入 PLC 中	40	不能正确达到功能要求，每处扣 5 分 地址与 I/O 分配表和接线图不符，每处扣 5 分 不会将程序写入 PLC 中，扣 10 分 将程序写入 PLC 中不熟练，扣 10 分	
运行调试	正确运行调试	10	不会联机调试程序，扣 10 分 联机调试程序不熟练，扣 5 分 不会监控调试，扣 5 分	
清洁	设备器件、工具摆放整齐，工作台清洁	10	乱摆放设备器件、工具，乱丢杂物，完成任务后不清理工位，扣 10 分	
安全生产	安全着装，按操作规程安全操作	10	没有安全着装，扣 5 分 操作不规范，扣 5 分 出现事故，总分计 0 分	
额定工时 240min	超时，此项从总分中扣分		每超过 5min，扣 3 分	

思　考　题

1. 浏览网站或查阅三菱《PLC 编程手册》，了解学习其他功能指令。

2. 程序梯形图如图 5.4.6 所示，按 X10，D1 的当前值为 100，之后 D1 每秒加 1，但程序不会停止，试改写程序，使 D1 大于 200 时程序停止加 1 运算。

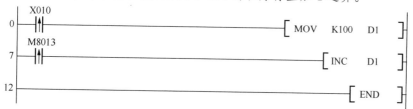

图 5.4.6　思考题 2 图

课题 5.5 密码锁控制

5.5.1 工作任务

如图 5.5.1 所示为密码锁示意图，要求利用 PLC 实现密码锁的控制。该密码锁控制系统可实现密码的设定、修改、输入等功能。

图 5.5.1 密码锁示意图

控制要求：

1）按下启动键（Star），可使用此系统。

2）设定/输入密码键（Set）为 ON 时，可进行密码的设定，密码值由数字键输入，每个数字可重复使用。

3）设定/输入密码键（Set）按钮为 OFF 时，可由数字键输入密码值进行开锁。密码输入结束后，按下确认键（Ent），则系统将输入值与设定值进行比较，以确定是否开锁。如果密码正确，则正确灯亮，开锁成功；密码错误，则错误灯亮，开锁失败。

4）错误灯亮后，按下清除键（Del），重新输入密码。连续输入错误密码 3 次后无法再输入。若想重新使用，则须先按下重置键（＊）进行清除，再按启动键（Star）重启系统。

5）若要更改密码，则按下清除密码设置值键（＃），再按设定/输入密码键（Set）重新设定密码，然后按下启动键（Star）重新使用。

1. 任务分析

数字键 0～7 由 X0～X7 输入，确认键（Ent）、设定/输入密码键（Set）、清除键（Del）、清除密码设定值键（＃）、重置键（＊）、启动键（Star）分别由 X10～X15 输入，开锁正确由 Y0 指示，开锁错误由 Y1 指示。

2. 绘制 I/O 地址分配表和 I/O 接线图

I/O 地址分配表如表 5.5.1 所示；I/O 接线图如图 5.5.2 所示。

表 5.5.1　密码锁控制 I/O 地址分配表

输入元件	输入地址	定　　义	输出元件	输出地址	定　　义
0	X0	数字"0"输入	Correct	Y0	开锁正确指示
1	X1	数字"1"输入	Error	Y1	开锁错误指示
2	X2	数字"2"输入			
3	X3	数字"3"输入			
4	X4	数字"4"输入			
5	X5	数字"5"输入			
6	X6	数字"6"输入			
7	X7	数字"7"输入			
Ent	X10	确认键			
Set	X11	设定/输入密码键			
Del	X12	清除键			
♯	X13	清除密码设定值键			
*	X14	重置键			
Star	X15	启动键			

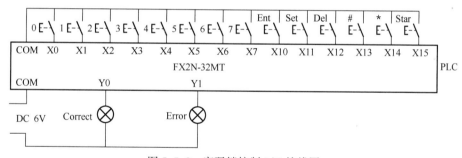

图 5.5.2　密码锁控制 I/O 接线图

注意事项：

1) 地址分配表中的输入、输出地址一定要与 I/O 接线图中的地址一致，否则容易造成安装接线、调试错误。

2) I/O 接线图中的输入控制元件，不管在继电器控制线路中同一个元件用了多少个触点，在 PLC 中只用一个触点作为输入点，除热继电器过载保护外，都采用常开触点。

3) 绘制 I/O 接线图时，不需要把 PLC 所有的输入、输出点都绘制出来，而是用哪个就绘制哪个。

3. 接线

根据 I/O 接线图完成 PLC 与外接输入元件和输出元件的接线。

1）根据图 5.5.2 所示，先安装接好相应的线路。

注意事项：

① 组合开关、熔断器的受电端子在控制板外侧。

② 各元件的安装位置整齐、匀称、间距合理，便于元件的更换。

③ 布线通道尽可能少，同路并行导线按主电路、控制电路分类集中、单层密布、紧贴安装面板。

④ 同一平面的导线应高低一致或前后一致，不得交叉。布线应横平竖直、分布均匀，变换方向时应垂直。

⑤ 布线时以接触器为中心，由里向外，由低至高，先电源电路，再控制电路，后主电路，以不妨碍后续布线为原则。

2）控制板与 PLC 输入、输出元件连接。

注意事项：

① 因 FX2N-32MT 每组输出点的 COM 是独立的，且控制对象不是一个电压等级，不可以将 COM 端口在 PLC 上直接连接在一起，要独立分开。

② PLC 的 DC 24V 工作电源应独立分开，不得与控制电源接在一起。

4. 根据工艺控制要求编写程序

根据工艺要求和分析设计出梯形图。参考程序梯形图如图 5.5.3 所示，指令语句表如图 5.5.4 所示。

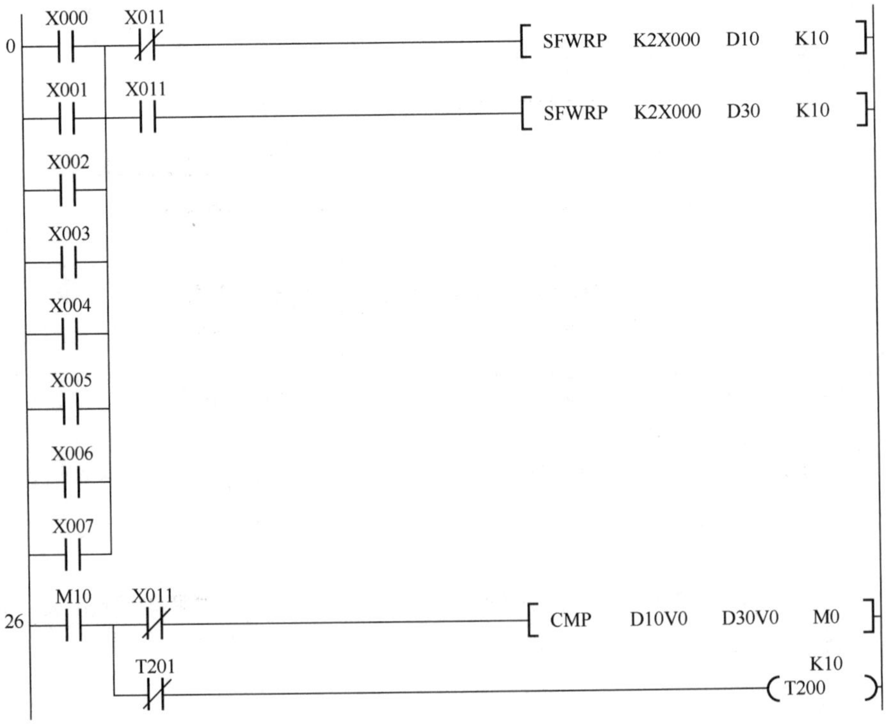

图 5.5.3　密码锁控制参考程序梯形图

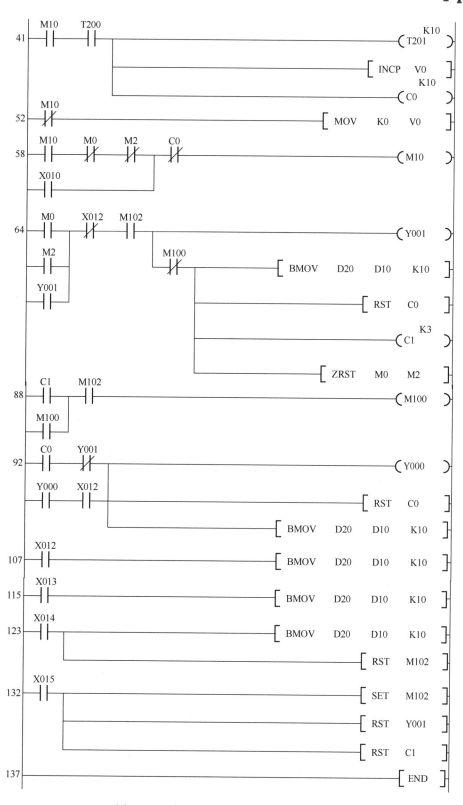

图 5.5.3　密码锁控制参考程序梯形图（续）

0	LD	X000		
1	OR	X001		
2	OR	X002		
3	OR	X003		
4	OR	X004		
5	OR	X005		
6	OR	X006		
7	OR	X007		
8	MPS			
9	ANI	X011		
10	SFWRP	K2X000	D10	K10
17	MPP			
18	AND	X011		
19	SFWRP	K2X000	D30	K10
26	LD	M10		
27	MPS			
28	ANI	X011		
29	CMP	D10V0	D30V0	M0
36	MPP			
37	ANI	T201		
38	OUT	T200	K10	
41	LD	M10		
42	AND	T200		
43	OUT	T201	K10	
46	INCP	V0		
49	OUT	C0	K10	
52	LDI	M10		
53	MOV	K0	V0	
58	LD	M10		
59	ANI	M0		
60	ANI	M2		
61	OR	X010		
62	ANI	C0		
63	OUT	M10		

64	LD	M0		
65	OR	M2		
66	OR	Y001		
67	ANI	X012		
68	AND	M102		
69	OUT	Y001		
70	ANI	M100		
71	BMOV	D20	D10	K10
78	RST	C0		
80	OUT	C1	K3	
83	ZRST	M0	M2	
88	LD	C1		
89	OR	M100		
90	AND	M102		
91	OUT	M100		
92	LD	C0		
93	ANI	Y001		
94	LD	Y000		
95	AND	X012		
96	ORB			
97	OUT	Y000		
98	RST	C0		
100	BMOV	C20	D10	K10
107	LD	X012		
108	BMOV	D20	D10	K10
115	LD	X013		
116	BMOV	D20	D10	K10
123	LD	X014		
124	BMOV	D20	D10	K10
131	RST	M102		
132	LD	X015		
133	SET	M102		
134	RST	Y001		
135	RST	C1		
137	END			

图 5.5.4 密码锁控制参考程序指令语句表

5. 将编写好的程序传送到 PLC

1）连接好计算机与 PLC。

2）将 PLC 的工作模式开关拨向下方，将工作模式置于停止模式。

3）向 PLC 供电，将程序传送到 PLC 中。

6. 运行调试

1）将 PLC 的工作模式开关拨向上方，将工作模式置于运行模式。

2）打开监控模式。

3）操作启/停按钮，观察程序是否正常运行，PLC 上的输出指示灯是否有指示。

4）程序运行正常，将控制板电源开关合上，进行联动运行，仔细观察运行状态。

5.5.2 移位写入指令 SFWR 与移位读出指令 SFRD

在图 5.5.3 所示的程序中用到了先入先出移位写入指令 SFWR（P），与其相对应的是先入先出移位读出指令 SFRD (P)，其使用方法如图 5.5.5 所示。

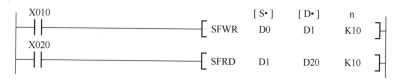

图 5.5.5 移位写入指令 SFWR 与移位读出指令 SFRD 的使用

1）SFWR（P）指令为先入先出移位写入指令，源（S·）D0 存放数据，X10 每闭合 1 次，源 D0 数据写入目标以（D·）D1 为首址的 10 位（n＝K10）元件中，其中 D1 存放指针。X10 闭合 1 次，D1 为 1，D0 的数据送 D2；当 X10 第二次闭合，D1 为 2，D0 的数据送 D3……D0 的数据每次可改变。

2）SFRD（P）指令为先入先出移位读出指令。当 X20 第 1 次闭合，将以源（S·）D1 为首址的 10 位（n＝K10）中 D2 的数据送目标（D·）D20，指针 D1 减 1；当 X20 第二次闭合，D3 的数据送目标 D20，指针 D1 再减 1……直到 D1 数值为 0。

3）SFWR 与 SFRD 一起使用，且参数 n 必须相同。

指令使用举例如图 5.5.6 所示。

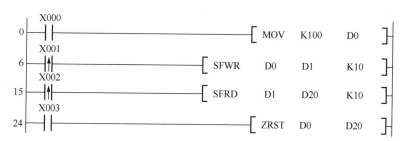

图 5.5.6 移位写入指令 SFWR 与移位读出指令 SFRD 的使用举例

执行图 5.5.6 中的程序，当 X0 闭合，D0 为 100。

执行 SFWR 指令，当 X1 第一次闭合，D2 为 100，D1 为 1；当 X1 第二次闭合，D3 为 100，D1 为 2……当 X1 第九次闭合，D10 为 100，D1 为 9。

执行 SFRD 指令，当 X2 第一次闭合，D10 的数据 100 送 D20，D1 为 8；当 X2 第二次闭合，D9 的数据送 D20，D1 数值减小到 7……直到 D1 为 0。在写出过程中，D2～D10 中的数据保持不变。

5.5.3 实训操作

1. 实训目的

熟练使用常用功能指令，根据工艺控制要求掌握功能指令编程和调试方法，能够使用 PLC 解决实际问题。

2. 实训设备

实训设备有计算机、FX2N-16MR、SC09 通信电缆、开关板（600mm×600mm）、

熔断器、信号灯、组合开关、按钮、导线等。

3. 任务要求

自动售货机采用 PLC 控制，控制要求如下：

1）售货机可投入 1 角、5 角、1 元硬币。

2）当投入的硬币总值不超过 2 元时，钱币不足灯亮；当投入的硬币总值超过 2 元时，汽水按钮指示灯亮；当投入的硬币总值超过 3 元时，汽水及咖啡按钮指示灯亮。

3）当汽水灯亮时，按汽水按钮，则汽水排出，8s 后自动停止。这段时间内汽水指示灯闪烁。

4）当咖啡灯亮时，按咖啡按钮，则咖啡排出，8s 后自动停止。这段时间内咖啡指示灯闪烁。

5）若投入硬币超过 10 元，找钱指示灯亮，按下找钱按钮，退出多余的钱。

4. 注意事项

1）通电前必须在指导教师的监护和允许下进行。
2）要做到安全操作和文明生产。

5. 评分

评分细则见评分表。

"自动售货机控制实训操作"技能自我评分表

项　　目	技术要求	配分/分	评分细则	评分记录
工作前的准备	清点实训操作所需的设备器件	5	每漏检或错检一件，扣 1 分	
绘制 I/O 地址分配表和接线图	正确绘制 I/O 地址分配表和接线图	5	地址遗漏，每处扣 1 分 接线图绘制错误，每处扣 1 分	
安装接线	按照 PLC 控制 I/O 接线图正确、规范安装线路	20	线路布置不整齐、不合理，每处扣 2 分 接线不规范，每根扣 0.5 分 不按 I/O 接线图接线，每处扣 5 分 损坏元件，每个扣 5 分	
程序设计	1. 按照控制要求设计梯形图 2. 将程序熟练写入 PLC 中	40	不能正确达到功能要求，每处扣 5 分	
			地址与 I/O 分配表和接线图不符，每处扣 5 分	
			不会将程序写入 PLC 中，扣 10 分	
			将程序写入 PLC 中不熟练，扣 10 分	
运行调试	正确运行调试	10	不会联机调试程序，扣 10 分 联机调试程序不熟练，扣 5 分 不会监控调试，扣 5 分	

续表

项　目	技术要求	配分/分	评分细则	评分记录
清洁	设备器件、工具摆放整齐，工作台清洁	10	乱摆放设备器件、工具，乱丢杂物，完成任务后不清理工位，扣10分	
安全生产	安全着装，按操作规程安全操作	10	没有安全着装，扣5分 操作不规范，扣5分 出现事故，总分计0分	
额定工时 300min	超时，此项从总分中扣分		每超过5min，扣3分	

思　考　题

1. 浏览网站或查阅三菱《PLC 编程手册》，了解学习其他功能指令。

2. 程序梯形图如图 5.5.7 所示，试分析并说明 Y0 的工作情况。

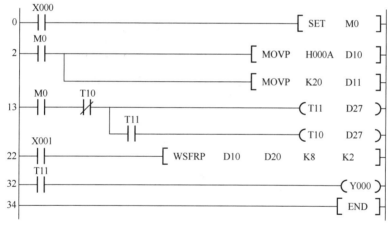

图 5.5.7　思考题 2 图

课题 5.6　功能指令编程综合实训

 学习目标

1. 熟练使用功能指令。

2. 通过控制任务设计程序学习提高编程能力。

3. 进一步熟悉功能指令在 GX Developer 编程软件中的使用。

1. 实训要求

（1）绘制 I/O 地址分配表和 I/O 接线图

注意事项：

1）地址分配表中的输入、输出地址一定要与 I/O 接线图中的地址一致，否则容易造成安装接线、调试错误。

2）I/O 接线图中的输入控制元件，不管在继电器控制线路中同一个元件用了多少个触点，在 PLC 中只用一个触点作为输入点，除热继电器过载保护外，都采用常开触点。

3）绘制 I/O 接线图时，不需要把 PLC 所有的输入、输出点都绘制出来，而是用哪个就绘制哪个。

4）为防止因交流接触器主触点熔焊不能断开而造成的短路故障，在 PLC 外部必须进行硬件联锁。

（2）接线

根据 I/O 接线图完成 PLC 与外接输入元件和输出元件的接线。

注意事项：

1）组合开关、熔断器的受电端子在控制板外侧。

2）各元件的安装位置整齐、匀称、间距合理，便于元件的更换。

3）保证线槽横平竖直。

4）保证线槽间接缝对齐，尽量避免布放斜向线槽。

5）线槽布局要合理、美观，布放时按"目"字排列。

6）同一平面的导线应高低一致或前后一致，不得交叉。

7）布线时以接触器为中心，由里向外，由低至高，先电源电路，再主电路，后控制电路，以不妨碍后续布线为原则。

8）控制对象为一个电压等级，可以将 COM 端口在 PLC 上直接连接在一起。

9）PLC 的 220V 工作电源应独立分开，不得与控制板电源接在一起。

（3）编写程序

根据工艺控制要求编写程序，并将程序写入 PLC。

（4）程序调试

进行程序调试，使结果符合控制要求。

2. 实训设备

实训设备主要有计算机、FX2N 系列 PLC、SC09 通信电缆、开关板（600mm×600mm）、熔断器、交流接触器、热继电器、组合开关、按钮、信号灯、导线等。

3. 实训任务

（1）送料车方向自动控制（额定工时 300min）

某车间有 8 个工作台，送料车往返于工作台之间送料，动作示意图如图 5.6.1 所示。每个工作台设有一个到位开关（SQ）和一个呼叫按钮（SB），开始时送料车应能停留在 8 个工作台中任意一个到位开关的位置，系统受启停开关 SB 的控制。

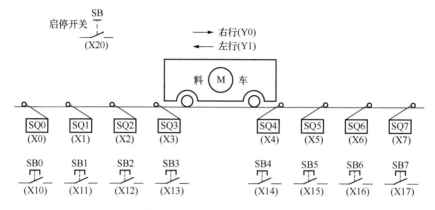

图 5.6.1　送料车工作示意图

具体控制要求：

1）当料车所在暂停位置的 SQ 号码大于呼叫的 SB 号码时，料车左行，到呼叫的 SB 位置后停止。

2）当料车所在暂停位置的 SQ 号码小于呼叫的 SB 号码时，料车右行，到呼叫的 SB 位置后停止。

试用传送与比较指令编程，实现送料车的控制要求。

（2）四则运算控制（额定工时 240min）

某控制程序要求对算式 $\dfrac{52X}{16+3}$ 进行运算，试编制控制程序。

上式中，X 代表输入端口 K2X0 送入的二进制数，运算结果送到输出端口 K2Y0。X10 为启动开关，X11 为停止开关。

4. 注意事项

1）通电前必须在指导教师的监护和允许下进行。

2）要做到安全操作和文明生产。

5. 评分

评分细则见评分表。

"功能指令编程综合实训"技能自我评分表

项　　目	技术要求	配分/分	评分细则	评分记录
工作前的准备	清点实训操作所需的设备器件	5	每漏检或错检一件，扣 1 分	
绘制 I/O 地址分配表和接线图	正确绘制 I/O 地址分配表和接线图	5	地址遗漏，每处扣 1 分 接线图绘制错误，每处扣 1 分	

续表

项　　目	技术要求	配分/分	评分细则	评分记录
安装接线	按照 PLC 控制 I/O 接线图正确、规范安装线路	20	线路布置不整齐、不合理，每处扣 2 分 接线不规范，每根扣 0.5 分 不按 I/O 接线图接线，每处扣 5 分 损坏元件，每个扣 5 分	
程序设计	1. 按照控制要求设计梯形图 2. 将程序熟练写入 PLC 中	40	不能正确达到功能要求，每处扣 5 分	
			地址与 I/O 分配表和接线图不符，每处扣 5 分	
			不会将程序写入 PLC 中，扣 10 分	
			将程序写入 PLC 中不熟练，扣 10 分	
运行调试	正确运行调试	10	不会联机调试程序，扣 10 分 联机调试程序不熟练，扣 5 分 不会监控调试，扣 5 分	
清洁	设备器件、工具摆放整齐，工作台清洁	10	乱摆放设备器件、工具，乱丢杂物，完成任务后不清理工位，扣 10 分	
安全生产	安全着装，按操作规程安全操作	10	没有安全着装，扣 5 分 操作不规范，扣 5 分 出现事故，总分计 0 分	
额定工时 （根据每个实训任务要求的工时确定）	超时，此项从总分中扣分		每超过 5min，扣 3 分	

思　考　题

1. 浏览网站或查阅三菱《PLC 编程手册》，了解学习功能指令编程。
2. 试说明 IST 指令的意义。

单元 6 PLC与变频器的综合应用

随着电力电子技术的发展，变频技术从理论到实际逐渐走向成熟。变频器不仅调速平滑、范围大、效率高、启动电流小、运行平稳，而且节能效果明显。因此，变频调速已逐渐替代了过去的传统滑差调速、变极调速、直流调速等调速系统，越来越广泛地应用于各行各业生产领域。

课题 6.1　E700 变频器简介

 学习目标

1. 了解变频器的工作原理。
2. 了解变频器的基本结构。
3. 会设定变频器的参数。

6.1.1　变频器的工作原理

由交流电动机的转速表达式 $n=60f(1-S)/P$ 可知，在磁极对数 P 和转差率 S 不变的情况下，转速 n 与频率 f 成正比，只要改变频率 f 即可改变电动机的转速。当频率 f 在 $0\sim50\mathrm{Hz}$ 范围内变化时，电动机转速调节的范围非常宽。变频器就是通过改变电动机电源的频率实现速度调节的，是一种理想的高效率、高性能的调速手段。

变频器工作原理示意图如图 6.1.1 所示，首先是将交流电变为直流电，再用电子元件对直流电进行开关，变为交流电。一般功率较大的变频器用晶闸管（可控硅），并设一个可调频率装置，使频率在一定范围内可调，用来控制电动机的转速，使转速在一定的范围内可调。

低压通用变频输出电压为 $380\sim650\mathrm{V}$，输出功率为 $0.75\sim400\mathrm{kW}$，工作频率为 $0\sim400\mathrm{Hz}$，主电路采用的是交—直—交电路，控制方式有以下四种。

（1）正弦脉宽调制（SPWM）控制方式

其特点是控制电路结构简单、成本较低，机械硬度也较好，能够满足一般传动的

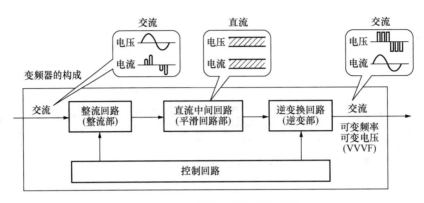

图 6.1.1　变频器工作原理示意图

平滑调速要求，已在各个领域得到广泛应用。

（2）电压空间矢量（SVPWM）控制方式

它是以三相波形整体生成效果为前提，以逼近电动机气隙的理想圆形旋转磁场轨迹为目的，一次生成三相调制波形，以内切多边形逼近圆的方式进行控制的。实践中使用后又进行了以下改进：引入频率补偿，消除速度控制的误差；通过反馈估算磁链幅值，消除低速时定子电阻的影响；将输出电压、电流闭环，以提高动态的精度和稳定度。但因为控制电路环节较多，且没有引入转矩的调节，所以系统性能没有得到根本的改善。

（3）矢量控制（VC）方式

矢量控制变频调速的实质是将交流电动机等效为直流电动机，分别对速度、磁场两个分量进行独立控制。在实际应用中，由于转子磁链难以准确观测，系统特性受电动机参数的影响较大，且在等效直流电动机控制过程中所用矢量旋转变换较复杂，使得实际的控制效果难以达到理想的分析结果。

（4）直接转矩控制（DTC）方式

直接转矩控制方式直接在定子坐标系下分析交流电动机的数学模型，控制电动机的磁链和转矩。

6.1.2　变频器使用注意事项

变频器如果使用不当，不但不能很好地发挥其优良的功能，还有可能损坏变频器及其设备，或造成干扰等，因此在使用中应注意以下事项：

1）使用前必须认真阅读产品使用说明书，并按说明书的要求接线、安装和使用。

2）变频器装置应可靠接地，以抑制射频干扰，防止变频器内因漏电而引起电击。

3）用变频器控制电动机转速时，电动机的温升及噪声会比用电网时高；在低速运转时，因电动机风叶转速低，应注意通风冷却或适当减轻负载，以免电动机温升超过允许值。

4）供电线路的阻抗不能太小。当线路阻抗较小时，应在变频器电源输入端加装交流电抗器。当电网三相电压不平衡度大于3％时，变频器输入电流的峰值很大，会造成变频器及连接线过热或损坏电子元件，这时也需加装交流电抗器。特别是变压器为 V 形接法时更为严重，除在交流侧加装电抗器外，还需在直流侧加装直流电抗器。

5）不能在变频器的电源输入端和输出端装设过大的电容器，否则会使线路阻抗下降，产生过电流而损坏变频器。

6）变频器出线侧不能并联补偿电容，也不能为了减少变频器输出电压的高次谐波而并联电容器，否则可能损坏变频器。为了减少谐波，可以串联电抗器。

7）不能用断路器及接触器直接起动和停止变频器，应用变频器的控制端子来操作，否则会造成变频器失控，并可能造成严重的后果。

8）变频器与电动机间一般不宜加装交流接触器，以免断流瞬间产生过电压而损坏变频器。若需加装，在变频器运行前接触器应先闭合，而在断开前变频器应先停止输出。

9）对于变频器驱动普通电动机作恒转矩运行的场合，应尽量避免长期低速运行，否则电动机散热效果变差，发热严重。如果需要以低速恒转矩长期运行，必须选用变频电动机。

10）变频器外接制动电阻的阻值不能小于变频器允许所带制动电阻的要求。在满足制动要求的前提下，制动电阻宜大些。切不可将制动电阻的端子短接，否则在制动时会通过开关管发生短路故障。

11）变频器与电动机相连时，不允许用兆欧表测量电动机的绝缘电阻，否则兆欧表输出的高电压会损坏变频器。

12）正确处理升速与减速的问题。变频器设定的加、减速时间过短，容易受到"电冲击"而损坏变频器。因此，使用变频器时，在负载设备允许的前提下应尽量延长加、减速时间。

① 如果负载重，则应延长加、减速时间；反之，可适当缩短加、减速时间。

② 如果负载设备需要短时间内加、减速，则必须考虑加大变频器的容量，以免出现太大的电流，超过变频器的额定电流。

③ 如果负载设备需要很短的加、减速时间（如 1s 内），则应考虑在变频器上采用制动系统。一般较大容量的变频器都配有制动系统。

13）变频器应垂直安装，留有通风空间，并控制环境温度不超过 40℃。

14）因变频器产生的高次谐波会干扰其他电子设备的正常工作，必须采用抗干扰措施。

15）注意电动机的热保护。如果电动机与变频器的容量匹配，则变频器内部的热保护能有效保护电动机。如果两者容量不匹配，须调整其保护值或采取其他保护措施，以保证电动机的安全运行。变频器电子热保护值（电动机过载检测）可在变频器额定电流的 25％～105％范围内设定。

6.1.3　E700 变频器

三菱 E700 变频器采用磁通矢量控制，可实现 1Hz 运行 150％转矩输出，有 PID、15 段速度等多功能选择；内置 RS485 通信口，柔性 PWM，能实现更低噪声运行。其外观如图 6.1.2 所示。

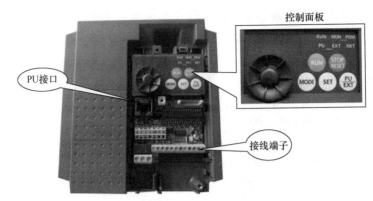

图 6.1.2　E700 变频器外观

1. E700 变频器操作（控制）面板

E700 变频器操作面板具有 7 段显示的四位数字，可以显示参数的序号和数值、报警和故障信息、设定值和实际值，但是不能存储参数的信息，且不能拆卸。操作面板各按钮的功能说明见表 6.1.1。

表 6.1.1　E700 变频器操作面板各按钮的功能

显示/按钮	功能	功　能　说　明
	状态显示	LCD 显示变频器当前的设定值
RUN	启动指令	通过设定 Pr. 40 可以选择旋转方向
STOP/RESET	停止指令	也可以进行报警复位
SET	设定确定	运行中按此按钮则监视器显示以下内容： • 运行频率 • 输出电压 • 输出电流
MODE	模式切换	用于切换各设定模式； 和 PU/EXT 同时按下也可以用来切换运行
PU/EXT	运行模式切换	用于切换 PU/外部运行模式； 使用外部运行（通过另接的频率设定旋钮和启动运行的启动信号）模式时按此按钮，使表示运行模式的 EXT 处于亮灯状态 PU：PU 运行模式 EXT：外部运行模式
旋钮	旋钮	用于变更频率设定、参数的设定值 按该旋钮可显示以下内容： • 监视模式时的设定频率 • 校正时的当前设定值 • 错误历史模式时的顺序

2. E700 变频器接线端子

（1）主电路接线端子

主电路接线端子功能说明见表 6.1.2。

表 6.1.2　E700 变频器主电路接线端子的功能

端子记号	端子名称	端子功能说明
L1、L2、L3	变频器电源输入	接工频电源
U、V、W	变频器输出	接三相笼型电动机
P/+、PR	制动电阻器连接在端子 P/+	PR 间连接选购的制动电阻器（FR ABR）
P/+、N/−	制动单元连接	连接制动单元（FR-BU2）、共直流母线变流器（FR-CV）及高功率因数变流器（FRHC）
P/+、P1	直流电抗器连接	拆下端子 P/+～P1 间的短路片，连接直流电抗器
⏚	接地	变频器机架接地用，必须接地

（2）输出信号控制接线端子

输出信号控制接线端子的功能说明见表 6.1.3。

表 6.1.3　E700 变频器输出信号控制接线端子的功能

种类	端子记号	端子名称	端子功能说明	
继电器	A、B、C	继电器输出（异常输出）	指示变频器因保护功能动作时输出停止的 1c 接点输出。异常时，B-C 间不导通（A-C 间导通）；正常时，B-C 间导通（A-C 间不导通）	
集电极开路	RUN	变频器正在运行	变频器输出频率大于或等于启动频率（初始值 0.5Hz）时为低电平，已停止或正在直流制动时为高电平	
	FU	频率检测	输出频率大于或等于任意设定的检测频率时为低电平，未达到时为高电平	
	SE	集电极开路输出公共端	端子 RUN、FU 的公共端子	
模拟	AV	模拟电压输出	可以从多种监视项目中选一种作为输出；变频器复位中不被输出。输出信号与监视项目的大小成比例	输出项目：输出频率（初始设定）

（3）输入信号控制接线端子

输入信号控制接线端子的功能说明见表 6.1.4。

表 6.1.4　E700 变频器输入信号控制接线端子的功能

种类	端子记号	端子名称	端子功能说明	
接点输入	STF	正转启动	STF 信号 ON 时为正转、OFF 时为停止指令	STF、STR 信号同时 ON 时变成停止指令
	STR	反转启动	STR 信号 ON 时为反转、OFF 时为停止指令	
	RH、RM、RL	多段速度选择	用 RH、RM 和 RL 信号的组合可以选择多段速度	
	MRS	输出停止	MRS 信号 ON（20ms 或以上）时，变频器输出停止；用电磁制动器停止电动机时用于断开变频器的输出	
	RES	复位	用于解除保护电路动作时的报警输出。请使 RES 信号处于 ON 状态 0.1s 或以上，然后断开；初始设定为始终可进行复位，但进行了 Pr.75 的设定后，仅在变频器报警发生时可进行复位，复位所需时间约为 1s	
	SD	接点输入公共端（漏型）（初始设定）	接点输入端子（漏型逻辑）的公共端子	
		外部晶体管公共端（源型）	源型逻辑时当连接晶体管输出（即集电极开路输出）、如可编程控制器（PLC）时，将晶体管输出用的外部电源公共端接到该端子时，可以防止因漏电引起的误动作	
		DC 24V 电源公共端	DC 24V、0.1A 电源（端子 PC）的公共输出端子；与端子 5 及端子 SE 绝缘	
	PC	外部晶体管公共端（漏型）（初始设定）	漏型逻辑时当连接晶体管输出（即集电极开路输出）、如可编程控制器（PLC）时，将晶体管输出用的外部电源公共端接到该端子时，可以防止因漏电引起的误动作	
		接点输入公共端（源型）	接点输入端子（源型逻辑）的公共端子	
		DC 24V 电源	可作为 DC 24V、0.1A 的电源使用	
频率设定	10	频率设定用电源	作为外接频率设定（速度设定）用电位器时的电源使用（参照 Pr.73 模拟量输入选择）	
	2	频率设定（电压）	如果输入 DC 0～5V（或 0～10V），在 5V（10V）时为最大输出频率，输入输出成正比，通过 Pr.73 进行 DC 0～5V（初始设定）和 DC 0～10V 输入的切换操作	
	4	频率设定（电流）	如果输入 DC 4～20mA（或 0～5V，0～10V），在 20mA 时为最大输出频率，输入输出成正比，只有 AU 信号为 ON 时端子 4 的输入信号才会有效（端子 2 的输入将无效）。通过 Pr.267 进行 4～20mA（初始设定）和 DC 0～5V、DC 0～10V 输入的切换操作。电压输入（0～5V/0～10V）时，请将电压/电流输入切换开关切换至 "V"	
	5	频率设定公共端	频率设定信号（端子 2 或 4）及端子 AM 的公共端子，请勿接地	

3. E700 变频器参数设置

变频器正确接线后，运行前要根据工艺和控制要求进行参数设置，参数设置的正确与否关系到变频器能否正常运行。

（1）变频器常用参数代码

变频器常用参数代码见表 6.1.5。

表 6.1.5　E700 变频器常用参数代码

序号	参数代码	设定值	参数意义
1	Pr.1	50	最高频率 50Hz（上限频率）
2	Pr.2	0	最低频率 0Hz（下限频率）
3	Pr.6	25	对应变频器接线端子 RL 的控制频率 25Hz
4	Pr.7	10	加速时间 10s
5	Pr.8	10	减速时间 10s
6	Pr.79	2	电动机控制模式：2 表示外部运行模式
7	Pr.80	默认	电动机的额定功率
8	Pr.82	默认	电动机的额定电流
9	Pr.83	默认	电动机的额定电压
10	Pr.84	默认	电动机的额定频率

（2）变频器参数设置方法

变频器的参数设置是由操作面板实现的。以表 6.1.5 所示序号 4 设定 Pr.7＝10 为例，参数设置方法见表 6.1.6。

表 6.1.6　变频器参数设置方法（以设定 Pr.7＝10 为例）

操作	按钮	显示
1. 电源接通时显示的监视器画面		0.00 Hz MON EXT
2. 按 PU/EXT 按钮，进入 PU 运行模式	PU/EXT	PU 显示灯亮 ⇨ 0.00 PU
3. 按 MOOE 按钮，进入参数设定模式	MOOE	PRM 显示灯亮 ⇨ P.0 PRM（显示以前读取的参数编号）
4. 旋转 ⚫，将参数编号设定为 P.7 (Pr.7)	⚫	⇨ P.7

续表

操作	按钮	显示
5. 按 SET 按钮，读取当前的设定值；显示"**5.0**"〔5.0s（初始值）〕	SET	➡ **5.0**
6. 旋转，将值设定为"**10.0**"（10.0s）	➡ **10.0**	➡ **10.0**
7. 按 SET 按钮确定	SET	➡ **10.0** **P. 7** 闪烁，参数设定完成

思 考 题

1. 浏览网站或查阅三菱《E700 变频器使用手册》，了解学习其他参数。

2. 查阅三菱《E700 变频器使用手册》，说明下列参数代码的意义。

Pr. 4　　Pr. 5　　Pr. 9　　Pr. 15　　Pr. 16

Pr. 18　　Pr. 24　　Pr. 25　　Pr. 26　　Pr. 27

课题6.2　送料小车多段速控制

📖 **学习目标**

1. 知道 PLC 和变频器多段速控制的方法。

2. 会使用 PLC 开关量控制变频器。

3. 了解变频器外部端子的作用。

4. 熟悉变频器多段调速的参数设置和端子的接线。

5. 通过控制任务设计程序学习提高编程能力。

6. 进一步熟悉 PLC 与变频器的使用。

PLC 控制变频器有三种基本方式：开关量控制（多段速）方式、模拟量控制方式和通信控制方式。

6.2.1 工作任务

某送料小车工作示意图如图 6.2.1 所示。

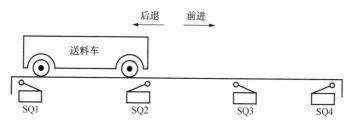

图 6.2.1 送料小车工作示意图

其控制要求如下：

按下启动按钮，电动机以 30Hz 的速度前进，前进到 SQ2 后转为 45Hz 继续前进，前进到 SQ3 后转为 20Hz 运行，前进到 SQ4 停止 5s，5s 后以 50Hz 后退到 SQ1 处停止，等待再次启动。

1. 任务分析

根据任务控制要求，通过控制变频器的 STF、STR、RH、RM、RL 与 SD 公共端的通断实现正反转和速度的选择。速度信号组合如图 6.2.2 所示。

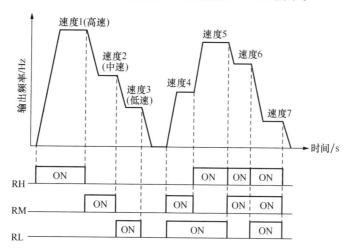

图 6.2.2 变频器多段速度信号组合示意图

由图 6.2.2 可知，50Hz 由 RH 端子引入，45Hz 由 RM 端子引入，30Hz 由 RL 端子引入，20Hz 由 RM 和 RL 端子引入。

2. 绘制 I/O 地址分配表和 I/O 接线图

I/O 地址分配表如表 6.2.1 所示；I/O 接线图如图 6.2.3 所示。

表 6.2.1 送料小车多段速控制 I/O 地址分配表

输入元件	输入地址	定 义	输出元件	输出地址	定 义
SB1	X0	启动按钮	STR	Y0	前进启动信号
SB2	X1	停止按钮	STF	Y1	后退启动信号
SQ1	X2	50Hz 速度后退到位	RL	Y2	多段速低速信号
SQ2	X3	30Hz 速度前进到位	RM	Y3	多段速中速信号
SQ3	X4	45Hz 速度前进到位	RH	Y4	多段速高速信号
SQ4	X5	20Hz 速度前进到位	KM	Y10	变频器电源控制

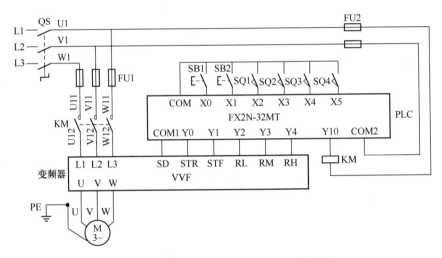

图 6.2.3 送料小车多段速控制 I/O 接线图

注意事项：

1）地址分配表中的输入、输出地址一定要与 I/O 接线图中的地址一致，否则容易造成安装接线、调试错误。

2）I/O 接线图中的输入控制元件，不管在继电器控制线路中同一个元件用了多少个触点，在 PLC 中只用一个触点作为输入点，除热继电器过载保护外，都采用常开触点。

3）绘制 I/O 接线图时，不需要把 PLC 所有的输入、输出点都绘制出来，而是用哪个就绘制哪个。

4）为防止因交流接触器主触点熔焊不能断开而造成的短路故障，在 PLC 外部必须进行硬件联锁。

5）变频器的控制信号 COM 必须与其他控制信号的 COM 端分开。

6）变频器的主电路后端不能接任何开关或接触器。

3. 接线

根据 I/O 接线图完成 PLC、变频器与外接输入元件和输出元件的接线。

根据图 6.2.3 所示，先安装接好相应的控制线路。安装接线完成的开关板如图 6.2.4 所示。

注意事项：

① 组合开关、熔断器的受电端子在控制板外侧。

② 各元件的安装位置整齐、匀称、间距合理，便于元件的更换。

③ 布线通道尽可能少，同路并行导线按主电路、控制电路分类集中、单层密布、紧贴安装面板。

④ 同一平面的导线应高低一致或前后一致，不得交叉。布线应横平竖直、分布均匀，变换方向时应垂直。

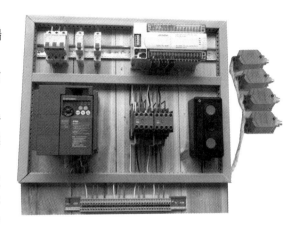

图 6.2.4 送料小车多段速控制开关板

⑤ 布线时以接触器为中心，由里向外，由低至高，先电源电路，再控制电路，后主电路，以不妨碍后续布线为原则。

⑥ 因 FX2N-32MT 每个输出点的 COM 是独立的，且控制对象是一个电压等级（电铃、报警、照明都为 AC 220V），可以将 COM 端口在 PLC 上直接连接在一起。

⑦ 变频器机架（外壳）必须可靠保护接地。

⑧ PLC 的 220V 工作电源应独立分开，不得与控制电源接在一起。

4. 根据工艺控制要求编写程序

根据工艺要求和分析设计出梯形图。参考程序梯形图如图 6.2.5 所示，指令语句表如图 6.2.6 所示。

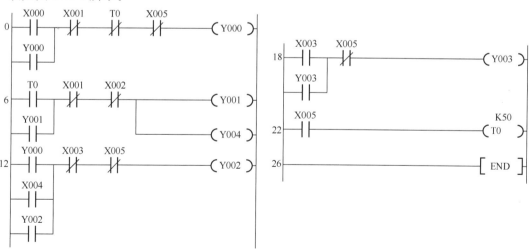

图 6.2.5 送料小车多段速控制参考程序梯形图

0	LD	X000	14	OR	Y002	
1	OR	Y000	15	ANI	X003	
2	ANI	X001	16	ANI	X005	
3	ANI	T0	17	OUT	Y002	
4	ANI	X005	18	LD	X003	
5	OUT	Y000	19	OR	Y003	
6	LD	T0	20	ANI	X005	
7	OR	Y001	21	OUT	Y003	
8	ANI	X001	22	LD	X005	
9	ANI	X002	23	OUT	T0	K50
10	OUT	Y001	26	END		
11	OUT	Y004				
12	LD	Y000				
13	OR	X004				

图 6.2.6　送料小车多段速控制参考程序指令语句表

5. 将编写好的程序传送到 PLC

1）连接好计算机与 PLC。

2）将 PLC 的工作模式开关拨向下方，将工作模式置于停止模式。

3）向 PLC 供电，将程序传送到 PLC 中。

6. 运行调试

1）变频器参数设置。

① 将电动机与变频器连接好，注意变频器绝对不允许开路运行。

② 将 STR、STF 与 PLC 断开。

③ 将 PLC 的工作模式开关拨向上方，将工作模式置于运行模式。

④ 合上电源开关 QS，并按下启动按钮 SB1。

⑤ 按下变频器上的 $\boxed{\frac{PU}{EXT}}$ 按钮，使变频器进入 PU 运行模式。

⑥ 按下变频器上的 $\boxed{MOOE}$ 按钮，使变频器进入参数设定模式。

⑦ 旋转变频器上的 ● 旋钮，将参数编号设定为 P79（Pr.79）。

⑧ 按下变频器上的 $\boxed{SET}$ 按钮，读取当前设定值。

⑨ 旋转变频器上的 ● 旋钮，将当前值修改为 1，即 Pr.79＝1。

⑩ 按下变频器上的 $\boxed{SET}$ 按钮确认，直到参数数值闪烁。

⑪ 重复步骤⑦～⑩，按顺序分别设置，使 Pr.1＝50（上限频率）、Pr.2＝0（下限频率）、Pr.4＝50（高速）、Pr.5＝45（中速）、Pr.6＝30（低速）、Pr.24＝20（四段速）、Pr.79＝2（外部运行模式）。

⑫ 切断电源开关 QS。

⑬ 将 STR、STF 与 PLC 连接。

⑭ 合上电源开关 QS。

2）打开 PLC 软件，使软件处于监控模式。

3）操作启/停按钮，观察程序是否运行正常，PLC 上的输出指示灯是否有指示。

4）程序运行正常，将控制板电源开关合上，进行联动运行，仔细观察电动机的运行状态。

6.2.2　实训操作

1. 实训目的

1）熟悉变频器的参数设置和端子的接线。

2）根据工艺控制要求，掌握 PLC 与变频器控制编程的方法和调试方法，能够使用 PLC 解决实际问题。

2. 实训设备

实训设备主要有计算机、FX2N-16MR、E740 变频器、SC09 通信电缆、开关板（600mm×600mm）、熔断器、接触器、信号灯、组合开关、按钮、导线等。

3. 任务要求

如图 6.2.7 所示是物料传送系统工作示意图，按下启动按钮，系统进入待机状态，当金属物料经落料口放至传送带，光电传感器检测到物料，电动机以 20Hz 的频率启动正转运行，拖动皮带及所载物料向金属传感器方向运动。行至电感传感器，电动机以 30Hz 的频率加速运行；行至光纤传感器 1 时，电动机以 40Hz 的频率加速运行；当物料行至光纤传感器 2 时，电动机以 40Hz 的频率反转，带动物料返回；当物料行至光纤传感器 1 时，电动机减速，以 30Hz 的频率减速运行；当物料行至电感传感器，电动机以 20Hz 再次减速运行；当物料行至落料口，光电传感器检测到物料，重复上述过程。

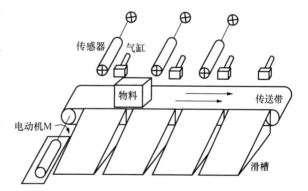

图 6.2.7　物料传送系统工作示意图

变频器参数如下：

上限频率 Pr.1＝50Hz；下限频率 Pr.2＝0Hz；基底频率 Pr.3＝50Hz；加速时间 Pr.7＝2s；减速时间 Pr.8＝1s；电子过电流保护（电动机的额定电流）Pr.9＝1A；操作模式选择（外部）Pr.79＝2；高速选定 Pr.4＝40Hz；中速选定 Pr.5＝30Hz；低速选定 Pr.6＝20Hz。

4．注意事项

1）频率和速度设定一定要与 PLC 的 I/O 分配对应，否则会导致运行速度不对或不能运行。

2）必须设定上限频率和下限频率。

3）通电前必须在指导教师的监护和允许下进行。

4）要做到安全操作和文明生产。

5．评分

评分细则见评分表。

"物料传送系统控制实训操作"技能自我评分表

项　目	技术要求	配分/分	评分细则	评分记录
工作前的准备	清点实训操作所需的设备器件	5	每漏检或错检一件，扣1分	
绘制 I/O 地址分配表和接线图	正确绘制 I/O 地址分配表和接线图	5	地址遗漏，每处扣1分 接线图绘制错误，每处扣1分	
安装接线	按照 PLC 控制 I/O 接线图正确、规范安装线路	20	线路布置不整齐、不合理，每处扣2分 接线不规范，每根扣0.5分 不按 I/O 接线图接线，每处扣5分 损坏元件，每个扣5分	
程序设计	1. 按照控制要求设计梯形图 2. 将程序熟练写入 PLC 中	20	不能正确达到功能要求，每处扣5分	
			地址与 I/O 分配表和接线图不符，每处扣5分	
			不会将程序写入 PLC 中，扣10分	
			将程序写入 PLC 中不熟练，扣10分	
变频器参数设置	按照控制要求设置变频器参数	20	不会设置参数，计0分 设置参数错误，每处扣5分	
运行调试	正确运行调试	10	不会联机调试程序，扣10分 联机调试程序不熟练，扣5分 不会监控调试，扣5分	
清洁	设备器件、工具摆放整齐，工作台清洁	10	乱摆放设备器件、工具，乱丢杂物，完成任务后不清理工位，扣10分	
安全生产	安全着装，按操作规程安全操作	10	没有安全着装，扣5分 操作不规范，扣5分 出现事故，总分计0分	
额定工时 240min	超时，此项从总分中扣分		每超过5min，扣3分	

思 考 题

1. 浏览网站或查阅三菱《E700 变频器使用手册》，了解学习其他参数。
2. 查阅三菱《E700 变频器使用手册》，说明下列参数代码的意义。

Pr. 73	Pr. 267	Pr. 232	Pr. 233	Pr. 234
Pr. 178	Pr. 179	Pr. 278	Pr. 800	Pr. 117

课题 6.3　恒压供水系统控制

 学习目标

1. 知道模拟量特殊功能模块 FX0N-3A 的使用。
2. 知道 PLC 和变频器模拟量控制的方法。
3. 会使用 PLC 模拟量控制变频器。
4. 进一步熟悉变频器的参数设置和端子的接线。
5. 通过控制任务设计程序学习提高编程能力。
6. 进一步熟悉 PLC 与变频器的使用。

在工业控制中，越来越多地采用变频器来实现交流电动机的调速。通过控制 PLC 设定运行参数，然后由特殊功能模块输出模拟信号，控制变频器输出频率的控制方法，编程简单方便，调速曲线平滑连续，工作稳定，在工业控制中使用较为普遍。

三菱模拟量特殊功能模块有输入模块 FX2N-2AD、FX2N-4AD、FX2N-8AD，输出模块 FX2N-2DA、FX2N-4DA、FX2N-8DA，以及输入/输出模块 FX0N-3A 等，使用比较多的是 FX0N-3A。

6.3.1　模拟量特殊功能模块 FX0N-3A

模拟量特殊功能模块 FX0N-3A（外观如图 6.3.1 所示）有两个输入通道和一个输出通道，输入通道接收模拟信号并将模拟信号转换成数字值，输出通道采用数字值并输出等量模拟信号。在输入/输出基础上选择的电压或电流由用户接线方式决定。

1. 性能规格

FX0N-3A 的性能规格见表 6.3.1。

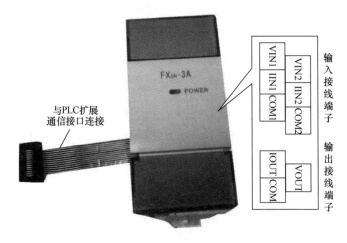

图 6.3.1　模拟量特殊功能模块 FX0N-3A 的外观

表 6.3.1　特殊功能模块 FX0N-3A 输入/输出性能规格

输入性能规格		
输入	电压输入	电流输入
模拟输入范围	默认状态，DC 0～10V 输入选择 0～250；如果需要其他电压输入，请重新调整偏置和增益	
模拟输入范围	DC 0～10V/0～5V，电阻 200kΩ 警告：输入电压＜－0.5V 或＞＋15V 就可能损坏该模块	4～20mA，电阻 250Ω 警告：输入电流＜－2mA 或＞＋60mA 就可能损坏该模块
数字分辨率	8 位	
最小信号分辨率	40mV（0～10V/0～250，依据输入特性而变）	60μA（4～20mA/0～250，依据输入特性而变）
总精度	±0.1V	±0.16mA
处理时间	TO 指令处理时间×2＋FROM 指令处理时间	
输入特点	模块不允许两个通道有不同的输入特性（即只能同时用 0～5V 或 0～10V 电压输入，或 4～20mA 电流输入）	

输入模拟电压转换数值：255×10÷10.2＝250

输入模拟电流转换数值：255×（20－4）÷（20.32－4）＝250

输出性能规格		
输出	电压输出	电流输出
模拟输出范围	默认状态，DC 0～10V 输入选择 0～250；如果需要其他电压输入，请重新调整偏置和增益	
	DC 0～10V/0～5V，外部负载为 1kΩ～1MΩ	4～20mA，外部负载为 500Ω 或更小
数字分辨率	8 位	
最小信号分辨率	40mV（0～10V/0～250，依据输入特性而变）	60μA（4～20mA/0～250，依据输入特性而变）
处理时间	TO 指令处理时间×3	
输出特点	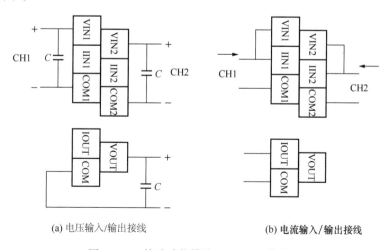	
	如果使用大于 8 位的数字源数据，则只有低 8 位的数据有效，高位将被忽略	

输出数值转换模拟电压值：$255×10÷250＝10.2$
输出数值转换模拟电流值：$255×（20－4）÷250＋4＝20.32$

2. 接线

FX0N-3A 特殊功能模块的接线是指对外部的传感器和控制对象接线。其接线图如图 6.3.2 所示。

(a) 电压输入/输出接线　　　　(b) 电流输入/输出接线

图 6.3.2　特殊功能模块 FX0N-3A 接线图

采用电压输入接线方法时，如果距离比较远，为防止干扰信号，在输入/输出端并联一个 $25V/0.1\sim0.47\eta F$ 的电容。

3. 缓冲存储器（BFM）

缓冲存储器（BFM）用来在主站模块和 PLC 之间进行数据交换（扩展模块存储参数的区域），在 PLC 中使用 FROM/TO 指令进行读/写。当电源断开时，缓冲存储器的内容会恢复到默认值。缓冲存储器的分配见表 6.3.2。

表 6.3.2　缓冲存储器（BFM）分配

缓冲存储器编号	b8～b15	b7	b6	b5	b4	b3	b2	b1	b0
♯0	保留	当前 A/D 转换输入通道 8 位数据							
♯0～♯15	保留								
♯16	保留	当前 D/A 转换输出通道 8 位数据							
♯17	保留					D/A 起运	A/D 起运	A/D 通道选择	
♯18～♯31	保留								

♯0：把外部模拟信号转换成数字值后存储其中。

♯16：把 PLC 主机（主站）传送过来的数据存储其中，准备通过转换后输出控制负载。

♯17：通道选择和数据转换选择存储器，b0＝0 时选择模拟输入通道 1；b0＝1 时选择模拟输入通道 2，b1＝0→1 时启动 A/D 转换处理，b2＝0→1 时启动 D/A 转换处理。

4. 程序

（1）A/D 输入程序

A/D 输入程序如图 6.3.3 所示，是把外部的模拟量（压力、速度、流量等变送器的模拟量信号）转换成数字量的程序。

［TO　K0　K17　H00　K1］中：

TO 表示写入。

K0 表示 0 号站的模块。在 PLC 中默认靠近主机（主站）的第一个模块（从站）是 0 号站，以此类推，如图 6.3.4 所示。FX2N 系列 PLC 只能带 8 个 FX0N-3A 模块，所以站号最大为 7（K7）。

K17 表示缓冲存储器（BFM）♯17。

H00 是十六进制数，PLC 内部自动转换为二进制数 000，对应♯17 的 b2、b1、b0，b0＝0 时选择模拟输入通道 1（CH1）。

K1 表示传送一个数字。

这句程序的意思是：选择 0 号站 FX0N-3A 模块的通道 1 为信号输入端。

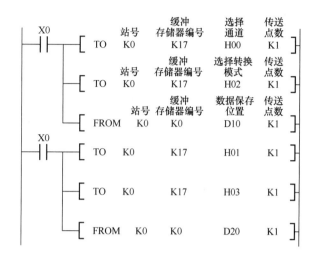

图 6.3.3 A/D 输入程序

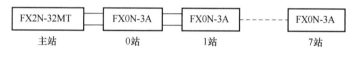

图 6.3.4 从站编号示意图

［TO K0 K17 H02 K1］中：

TO 表示写入。

K0 表示 0 号站的模块。

K17 表示缓冲存储器（BFM）＃17。

H02 是十六进制数，PLC 内部自动转换为二进制数 010，对应＃17 的 b2、b1、b0，b1＝0→1 时启动 A/D 转换处理（把模拟量转换成数字量）。

K1 表示传送一个数字。

这句程序的意思是：启动通道 1 的 A/D 转换处理，把外部模拟信号转换成数字信号，并存储在缓冲存储器（BFM）中。

［FROM K0 K0 D10 K1］中：

FROM 表示读出。

第一个 K0 表示 0 号站的模块。

第二个 K0 表示缓冲存储器（BFM）＃0。

D10 表示主站单元 D10。

这句程序的意思是：读取缓冲存储器（BFM），传送到 PLC 主站单元 D10 中存储。

［TO K0 K17 H01 K1］中：

H01 是十六进制数，PLC 内部自动转换为二进制数 001，对应＃17 的 b2、b1、b0，b0＝1 时选择模拟输入通道 2（CH2）。

这句程序的意思是：选择 0 号站 FX0N-3A 模块的通道 2 为信号输入端。

［TO K0 K17 H03 K1］中：

H03 是十六进制数，PLC 内部自动转换为二进制数 011，对应♯17 的 b2、b1、b0，b1＝0→1 时启动 A/D 转换处理。

这句程序的意思是：启动通道 2 的 A/D 转换处理，把外部模拟信号转换成数字信号，并存储在缓冲存储器（BFM）♯17 中。

［FROM　K0　K0　D20　K1］中：

D20 表示主站单元 D20。

这句程序的意思是：读取缓冲存储器（BFM），传送到 PLC 主站单元 D20 中存储。

说明：

1）是电压输入还是电流输入信号取决于模块接线，与程序无关。

2）图 6.3.3 所示的程序是实际使用的程序，如果只有一个从站，只有一个通道信号输入用上段程序，有两个通道信号输入用上、下两段程序，只需要修改执行条件（X0 或 X1）及数据保存位置寄存器 D（可以是任何一个）。

3）如果用到两个及以上从站，在使用图 6.3.3 所示的程序时还要相应改变站号。

（2）D/A 输出程序

D/A 输出程序如图 6.3.5 所示，是把数字量转换成外部的模拟量（压力、速度、流量等变送器的模拟量信号）的程序。

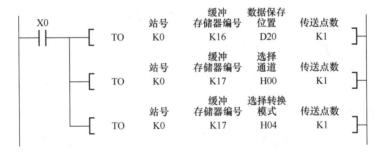

图 6.3.5　D/A 输出程序

［TO　K0　K16　D20　K1］这句程序的意思是：读取 LC 主站单元 D20 中当前的数据，传送到缓冲存储器（BFM）♯16 中存储。

［TO　K0　K17　H00　K1］这句程序的意思是：复位 b2 通道。

［TO　K0　K17　H04　K1］中：H04 是十六进制数，PLC 内部自动转换为二进制数 100，对应♯17 的 b2、b1、b0，b2＝0→1 时启动 D/A 转换处理。

这句程序的意思是：启动 D/A 转换处理，把♯16 中的数字信号转换成外部模拟信号，并存储在缓冲存储器（BFM）♯17 中输出。

说明：

1）是电压输出还是电流输出信号取决于模块接线，与程序无关。

2）如果用到两个及以上从站，在使用图 6.3.5 所示的程序时还要相应改变站号。

6.3.2　工作任务

某住宅小区由一台水泵供水，管网供水压力要求恒定在 0.4MPa，高于 0.4MPa 时水泵电动机运行频率下调，低于 0.4MPa 时水泵电动机运行频率上调，调节量为 1Hz；管网压力由压力变送器检测并送入 PLC，压力变送器量程为 0.4MPa，输出信号为 0～10V。要求用 PLC 与变频器实现恒压供水系统控制。系统示意图如图 6.3.6 所示。

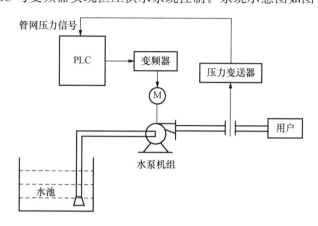

图 6.3.6 恒压供水系统示意图

1. 任务分析

根据任务要求，通过变频器实现电动机频率控制，采用 E740 变频器，管网压力检测变送器的信号输入与频率控制信号输出由 FX0N-3A 模拟量模块实现。

考虑是供水系统，首先以 50Hz 的频率启动，10s 后转入自动控制。

使用 X0N-3A 模拟量模块时，变频器输出频率及 D/A 转换数字量的对应关系可参考表 6.3.3。

表 6.3.3 D/A 转换数字量对应关系

变频器输出频率/Hz	D/A 转换数字量	变频器输出频率/Hz	D/A 转换数字量
10	50	40	200
20	100	50	250
30	150		

2. 绘制 I/O 地址分配表和 I/O 接线图

I/O 地址分配表如表 6.3.4 所示；I/O 接线图如图 6.3.7 所示。

表 6.3.4 恒压供水系统控制 I/O 地址分配表

输入元件	输入地址	定　义	输出元件	输出地址	定　义
SB1	X0	启动按钮	STR	Y0	启动信号
SB2	X1	停止按钮	KM	Y1	变频器电源控制
	VIN1	压力输入	2	VOUT	频率控制

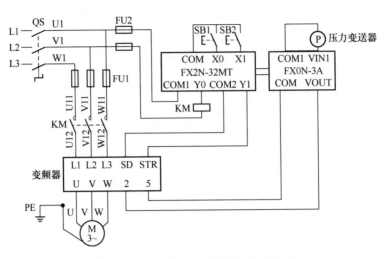

图 6.3.7　恒压供水系统控制 I/O 接线图

注意事项：

1）地址分配表中的输入、输出地址一定要与 I/O 接线图中的地址一致，否则容易造成安装接线、调试错误。

2）I/O 接线图中的输入控制元件，不管在继电器控制线路中同一个元件用了多少个触点，在 PLC 中只用一个触点作为输入点，除热继电器过载保护外，都采用常开触点。

3）绘制 I/O 接线图时，不需要把 PLC 所有的输入、输出点都绘制出来，而是用哪个就绘制哪个。

4）为防止因交流接触器主触点熔焊不能断开而造成的短路故障，在 PLC 外部必须进行硬件联锁。

5）变频器的控制信号 COM 必须与其他控制信号的 COM 端分开。

6）变频器的主电路后端不能接任何开关或接触器。

7）模拟量模块的输入、输出 COM 端必须分开。

3. 接线

根据 I/O 接线图完成 PLC、变频器与外接输入元件和输出元件的接线。

根据图 6.3.7 所示，先安装接好相应的控制线路，安装接线完成的开关板如图 6.3.8 所示。

注意事项：

1）组合开关、熔断器的受电端子在控制板外侧。

2）各元件的安装位置整齐、匀称、间距合理，便于元件的更换。

3）布线通道尽可能少，同路并行导线按主电路、控制电路分类集中、单层密布、紧贴安装面板。

4）同一平面的导线应高低一致或前后一致，不得交叉。布线应横平竖直、分布均

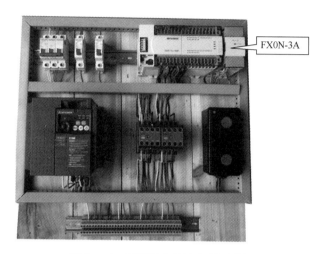

图 6.3.8　恒压供水系统控制开关板

匀，变换方向时应垂直。

5）布线时以接触器为中心，由里向外，由低至高，先电源电路，再控制电路，后主电路，以不妨碍后续布线为原则。

6）因 FX2N-32MT 每个输出点的 COM 是独立的，且控制对象是一个电压等级，可以将 COM 端口在 PLC 上直接连接在一起。

7）变频器机架（外壳）必须可靠保护接地。

8）PLC 的 220V 工作电源应独立分开，不得与控制电源接在一起。

9）压力变送器的工作电源可以在 PLC 上直接使用。

4. 根据工艺控制要求编写程序

根据工艺要求和分析设计出梯形图。参考程序梯形图如图 6.3.9 所示，指令语句表如图 6.3.10 所示。

5. 将编写好的程序传送到 PLC

1）连接好计算机与 PLC。

2）将 PLC 的工作模式开关拨向下方，将工作模式置于停止模式。

3）向 PLC 供电，将程序传送到 PLC 中。

6. 运行调试

1）变频器参数设置。

① 将电动机与变频器连接好，注意变频器绝对不允许开路运行。

② 将 STR 与 PLC 断开。

③ 将 PLC 的工作模式开关拨向上方，将工作模式置于运行模式。

④ 合上电源开关 QS，并按下启动按钮 SB1。

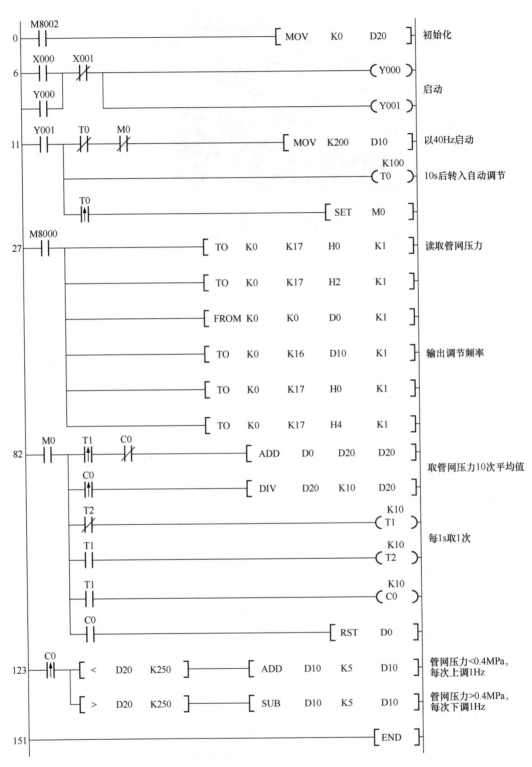

图 6.3.9　恒压供水系统控制参考程序梯形图

0	LD	M8002				84	ANDP	T1		
1	MOV	K0	D20			86	ANI	C0		
6	LD	X000				87	ADD	D0	D20	D20
7	OR	Y000				94	MRD			
8	ANI	X001				95	ANDP	C0		
9	OUT	Y000				97	DIV	D20	K10	D20
10	OUT	Y001				104	MRD			
11	LD	Y001				105	ANI	T2		
12	MPS					106	OUT	T1	K10	
13	ANI	T0				109	MRD			
14	ANI	M0				110	AND	T1		
15	MOV	K200	D10			111	OUT	T2	K10	
20	MPP					114	MRD			
21	OUT	T0	K100			115	AND	T1		
24	ANDP	T0				116	OUT	C0	K10	
26	SET	M0				119	MPP			
27	LD	M8000				120	AND	C0		
28	TO	K0	K17	H0	K1	121	RST	C0		
37	TO	K0	K17	H2	K1	123	LDP	C0		
46	FROM	K0	K0	D0	K1	125	MPS			
55	TO	K0	K16	D10	K1	126	AND<	D20	K250	
64	TO	K0	K17	H0	K1	131	ADD	D10	K5	D10
73	TO	K0	K17	H4	K1	138	MPP			
82	LD	M0				139	AND>	D20	K250	
83	MPS					144	SUB	D10	K5	D10
						151	END			

图 6.3.10 恒压供水系统控制参考程序指令语句表

⑤ 按照顺序分别设置，使上限频率 Pr. 1＝50Hz，下限频率 Pr. 2＝0Hz，基底频率 Pr. 3＝50Hz，加速时间 Pr. 7＝2s，减速时间 Pr. 8＝1s，Pr. 73＝0（输出至变频器端子 2 和 5 的输入电压为 0～10V），Pr. 79＝2（外部运行模式）。

⑥ 切断电源开关 QS。

⑦ 将 STR 与 PLC 连接。

⑧ 合上电源开关 QS。

2）打开 PLC 软件，使软件处于监控模式。

3）操作启/停按钮，观察程序是否运行正常，PLC 上的输出指示灯是否有指示。

4）程序运行正常，将控制板电源开关合上，进行联动运行，仔细观察电动机的运行状态。

6.3.3 实训操作

1. 实训目的

1）熟悉变频器的参数设置和端子的接线。

2）熟悉模拟量模块的使用。

3）根据工艺控制要求，掌握 PLC 与变频器控制编程的方法和调试方法，能够使用 PLC 解决实际问题。

2. 实训设备

实训设备有计算机、FX2N-32MR、FX0N-3A 模拟量模块、E740 变频器、SC09 通信电缆、开关板（600mm×600mm）、熔断器、接触器、电动机、信号灯、组合开关、按钮、导线等。

3. 任务要求

某住宅小区管网供水压力要求恒定在 0.4MPa，高于 0.4MPa 时水泵电动机运行频率下调，低于 0.4MPa 时水泵电动机运行频率上调，当一台水泵电动机调节到 50Hz 后，管网压力仍然达不到 0.4MPa 时，将第一台水泵切换到工频运行，调节第二台水泵。同理，当第二台水泵下调到 25Hz 运行时，管网压力仍然高于 0.4MPa，先投入运行的水泵退出运行，只运行一台水泵并调节。管网压力调节量为 2Hz，管网压力由压力变送器检测并送入 PLC，压力变送器量程为 0.4MPa（条件不允许的可用电位器代替，电位器用 10kΩ 绕线电阻），输出信号为 0～10V。要求用 PLC 与变频器实现恒压供水系统控制。系统示意图如图 6.3.11 所示。

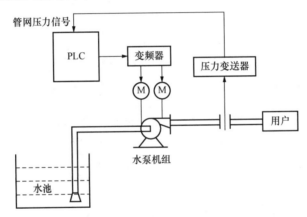

图 6.3.11　用 PLC 与变频器实现恒压供水控制系统示意图

变频器具体参数如下：

上限频率 Pr.1＝50Hz；下限频率 Pr.2＝0Hz；基底频率 Pr.3＝50Hz；加速时间 Pr.7＝2s；减速时间 Pr.8＝1s；Pr.73＝0（输出至变频器端子 2 和 5 的输入电压为 0～10V），Pr.79＝2（外部运行模式）。

4. 注意事项

1）频率设定一定要与 PLC 的 I/O 分配对应，否则会导致运行速度不对或不能运行。

2）必须设定上限频率和下限频率。

3）通电前必须在指导教师的监护和允许下进行。

4）要做到安全操作和文明生产。

5. 评分

评分细则见评分表。

"恒压供水系统控制实训操作" 技能自我评分表

项　目	技术要求	配分/分	评分细则	评分记录
工作前的准备	清点实训操作所需的设备器件	5	每漏检或错检一件，扣 1 分	
绘制 I/O 地址分配表和接线图	正确绘制 I/O 地址分配表和接线图	5	地址遗漏，每处扣 1 分 接线图绘制错误，每处扣 1 分	
安装接线	按照 PLC 控制 I/O 接线图正确、规范安装线路	20	线路布置不整齐、不合理，每处扣 2 分 接线不规范，每根扣 0.5 分 不按 I/O 接线图接线，每处扣 5 分 损坏元件，每个扣 5 分	
程序设计	1. 按照控制要求设计梯形图 2. 将程序熟练写入 PLC 中	20	不能正确达到功能要求，每处扣 5 分 地址与 I/O 分配表和接线图不符，每处扣 5 分 不会将程序写入 PLC 中，扣 10 分 将程序写入 PLC 中不熟练，扣 10 分	
变频器参数设置	按照控制要求设置变频器参数	20	不会设置参数，计 0 分 设置参数错误，每处扣 5 分	
运行调试	正确运行调试	10	不会联机调试程序，扣 10 分 联机调试程序不熟练，扣 5 分 不会监控调试，扣 5 分	
清洁	设备器件、工具摆放整齐，工作台清洁	10	乱摆放设备器件、工具，乱丢杂物，完成任务后不清理工位，扣 10 分	
安全生产	安全着装，按操作规程安全操作	10	没有安全着装，扣 5 分 操作不规范，扣 5 分 出现事故，总分计 0 分	
额定工时 240min	超时，此项从总分中扣分		每超过 5min，扣 3 分	

思　考　题

1. 浏览网站或查阅三菱《E700 变频器使用手册》，了解学习其他参数。

2. 浏览网站或查阅《E700 变频器使用手册》等资料，了解学习模拟量输入模块 FX2N-2AD、FX2N-4AD、FX2N-8AD 和输出模块 FX2N-2DA、FX2N-4DA、FX2N-8DA 的使用。

课题 6.4　PLC 与变频器通信控制

📖 **学习目标**

1. 知道通信模块 FX2N-485-BD 的使用。
2. 知道 PLC 和变频器通信控制的方法。
3. 会使用 PLC 通信控制变频器。
4. 进一步熟悉变频器参数设置和端子的接线。
5. 通过控制任务设计程序学习提高编程能力。
6. 进一步熟悉 PLC 与变频器的使用。

在三菱 PLC 与变频器通信控制中，有 FX2N-232-BD、FX2N-232IF、FX2N-422-BD、FX2N-485-BD 等通信模块，应用通信模块 FX2N-485-BD 控制变频器的方式比较多。

6.4.1　通信模块 FX2N-485-BD 与变频器的连接

通信模块 FX2N-485-BD 可以实现无协议的数据传送、专用协议的数据传送等，其外观如图 6.4.1 所示。

PLC 通信控制变频器系统主要由 FX 系列 PLC、通信模块 FX2N-485-BD、E700 系列变频器等构成。

FX2N-485-BD 通信模块安装在 PLC 上，如图 6.4.2（a）所示。变频器与 FX2N-485-BD 的通信由变频器的 PU 接口连接，PU 接口的指针排列如图 6.4.2（b）所示，PU 接口指针的功能见表 6.4.1。

图 6.4.1　通信模块 FX2N-485-BD 的外观

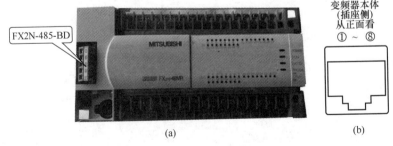

图 6.4.2　FX2N-485-BD 通信模块安装位置及 PU 指针排列

表 6.4.1 PU 接口指针的功能

指针编号	名　　称	功　　能
1	SG	接地（与端子 5 导通）
2	—	参数单元电源
3	RDA	变频器接收（＋）
4	SDB	变频器发送（－）
5	SDA	变频器发送（＋）
6	RDB	变频器接收（－）
7	SG	接地（与端子 5 导通）
8	—	参数单元电源

当 1 台 FX2N-485-BD 通信模块与 1 台 E700 系列变频器构成通信系统（1 对 1 连接），接线如图 6.4.3（a）所示；当 1 台 FX2N-485-BD 通信模块与多台 E700 系列变频器构成通信系统（1 对 n 连接），接线如图 6.4.3（b）所示。有时通信系统会由于传送速度、距离而受到电磁反射的影响，因此需要安装 100Ω 终端电阻。终端电阻只与离 FX2N-485-BD 通信模块最远的变频器连接。使用 PU 接口进行连接时不能安装终端电阻，只能使用分配器。

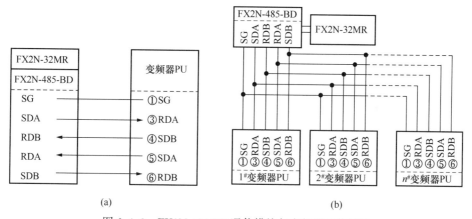

图 6.4.3 FX2N-485-BD 通信模块与变频器通信接线

6.4.2 控制指令

PLC 与变频器组合控制时都有一段如图 6.4.4 所示的程序。虽然这段程序中语句不多，但是包含很多意义。

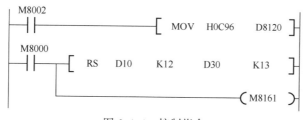

图 6.4.4 控制指令

M8161 是一个特殊的辅助继电器，它决定了 RS 指令接收或传送缓冲区采用 8 位还是 16 位的通信模式。如果 M8161 线圈没有得电，为 16 位通信模式；如果 M8161 线圈得电，为 8 位通信模式。一般设定为 8 位通信模式。

RS 是使用 RS-232C 及 RS-485 功能扩展板发送和接收串行数据的串行通信指令，指令格式如图 6.4.5 所示。

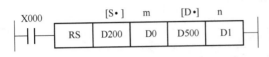

图 6.4.5　控制指令格式

D200：发送数据的首地址。

D0：发送数据的字节数，可以用常数 K 直接指定字节数。

D500：接收数据的首地址。

D1：接收数据的字节数，可以用常数 K 直接指定字节数。

接收、发送的数据格式是通过特殊数据寄存器 D8120 设定的，并要与变频器的数据格式类型完全对应，且发送通信数据时要使用脉冲执行方式。

D8120 是特殊数据寄存器，用来指定 RS 的数据格式。其数据格式包括数据长度、奇偶数、停止位、传送速率、校验等，它是由 D8120 的位组合决定的。D8120 通信格式的位及其意义见表 6.4.2。

表 6.4.2　D8120 通信格式的位及其意义

位号	名称	内　　容	
		0（OFF 位）	1（ON 位）
b0	数据长	7 位	8 位
b1 b2	奇偶性	b2, b1 (0, 0)：无 (0, 1)：奇数（ODD） (1, 1)：偶数（EVEN）	
b3	停止位	1 位	2 位
b4 b5 b6 b7	传输速率 （bps）	b7, b6, b5, b4 (0, 0, 1, 1)：300 (0, 1, 0, 0)：600 (0, 1, 0, 1)：1, 200 (0, 1, 1, 0)：2, 400	b7, b6, b5, b4 (0, 1, 1, 1)：4, 800 (1, 0, 0, 0)：9, 600 (1, 0, 0, 1)：19, 200
b8	起始符	无	有（D8124）　初始值：STX（02H）
b9	终止符	无	有（D8125）　初始值：ETX（03H）
b10 b11	控制线	无顺序　b11, b10 (0, 0)：无＜RS-232C 接口＞ (0, 1)：普通模式＜RS-232C 接口＞ (1, 0)：互锁模式＜RS-232C 接口＞ (1, 1)：调制解调器模式＜RS-232C 接口，RS-485 接口＞	
		计算机连接通信　b11, b10 (0, 0)：RS-485 接口 (1, 0)：RS-232C 接口	
b12	不可使用		

续表

位号	名称	内容	
		0 （OFF 位）	1 （ON 位）
b13	和校验	不附加	附加
b14	协议	不使用	使用
b15	控制顺序	方式 1	方式 4

图 6.4.4 所示程序，D8120 中数据 H0C96 表示的意义，是把十六进制数据 0C96 转换为二进制数据，即 D8120＝0C96$_{(16)}$＝000110010010110$_{(2)}$，然后把二进制数填入 D8120 通信格式表中，对应数据意义即可知，如表 6.4.3 所示。

表 6.4.3　D8120＝0C96$_{(16)}$ 的意义

b15	b14	b13	b12	b11	b10	b9	b8	b7	b6	b5	b4	b3	b2	b1	b0
0	0	0	0	1	1	0	0	1	0	0	1	0	1	1	0
使用 RS 指令必须设置为 0				使用 RS-485-BD 时必须为 1		无终止符	无起始符	19200bps 传输速率				1 位停止位	偶数		7 位数据长

对于 D8120 的数据，一般只需对应设置 b4～b7 中数据的传输速率，再把表中的二进制数转换为十六进制数即可。例如，传输速率要求为 9600bps，即把 b4～b7 设置为 1000，整个 D8120 的数据为 D8120＝110010000110$_{(2)}$＝0C86$_{(16)}$。

6.4.3　发送、接收程序

图 6.4.6 所示是发送/接收程序。在发送区域内，将所要发送的数据写入 D10～D19，共 10 字节（点）。

当脉冲指令 X000 将 M8122 置位后，就开始发送从 D10 开始到 D19 的 10 字节的数据，发送完成后 M8122 自动复位。

当串口有数据接收时，接收区将数据存放在 D30～D39 的接收区域内，接收完成后 M8123 自动被置位，程序把 D30～D39 接收到的数据传送到 D400～D409 中保存，然后执行 RST M8123 （复位 M8123），等待接收新的数据。

需要注意的是，M8122 和 M8123 分别是发送和接收特定的特殊辅助继电器，不能用其他的辅助继电器代替。M8122 只能用脉冲指令驱动，数据发送完成后 M8122 自动复位，不需要程序复位，否则程序会运行错误，不能通信。

6.4.4　变频器参数设置

PLC 与变频器通信时，变频器必须进行通信参数初始化设定，否则 PLC 与变频器不能传输数据。需要注意的是，设定变频器参数时，不要连接通信（切断 PLC 电源即可），并要与 D8120 的数据格式类型完全对应；每次设定参数后，需要将变频器断电再

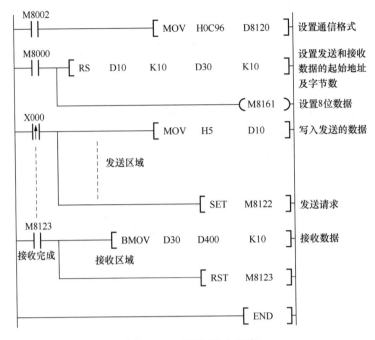

图 6.4.6　发送/接收程序

供电，否则数据修改无效，并且不能通信。图 6.4.6 所示程序与变频器的通信相关参数设定如表 6.4.4 所示。

表 6.4.4　变频器的相关通信参数设定值

参数代号	设定值	设定意义	参数意义	备注
Pr. 1	50	50Hz	上限频率	根据电动机频率或最高运行频率设定
Pr. 2	0	0Hz	下限频率	
Pr. 117	1	1号站	变频器站号	
Pr. 118	96	传输速率为9600bps	传送速率	4800bps 设定值为 48 19200bps 设定值为 192
Pr. 119	10	1位停止位长	PU 通信停止位长	2 位停止位长，设定值为 11
Pr. 120	2	偶数校验	PU 通信奇偶校验	奇校验设定值为 1
Pr. 121	9999	即使发生通信错误变频器也不会跳闸	PU 通信再试次数	
Pr. 122	9999	不进行通信校验	PU 通信校验时间间隔	
Pr. 123	9999	用通信数据进行设定	PU 通信等待时间设定	
Pr. 124	0	无 CR、LF	PU 通信有无 CR/LF 选择	

参数代号	设定值	设定意义	参数意义	备注
Pr.551	2	PU 运行模式时，指令权由 PU 接口执行	PU 模式操作权选择	设定参数时为 "9999"，在设定 Pr.79 前设定为 "2"
Pr.79	1	PU 运行模式	运行模式选择	设定参数时为 "0"，所有参数设定完后，最后设定为 "1"

注意事项：

1）在系统通电运行前，首先应检查 PLC、FX2N-485-BD 通信模块、变频器等接线是否可靠。

2）通电后，应检查 FX2N-485-BD 通信模块上的 RD 指示灯（LED）和 SD 指示灯（LED）的状态，如果 RD LED 和 SD LED 全亮或全灭，表示正常，否则说明有问题，应检查站号设定和传输速率，或检查接线是否正确。

3）RD LED 接收数据和 SD LED 发送数据时应高速闪动，否则也应检查 PLC 中的设定和传输速率。

4）以上正确无误，变频器如果不运行，应检查 PU 运行模式设置参数 Pr.79 是否设置为 1。

6.4.5　工作任务

用 PLC 与变频器通信模式实现电动机 30Hz 正反转控制。

1. 绘制 I/O 地址分配表和 I/O 接线图

I/O 地址分配表如表 6.4.5 所示；I/O 接线图如图 6.4.7 所示。

表 6.4.5　PLC 与变频器通信控制正反转 I/O 地址分配表

输入元件	输入地址	定　义	输出元件	输出地址	定　义
SB1	X0	正转启动按钮	KM	Y0	变频器电源控制
SB2	X1	反转启动按钮			
SB3	X2	停止按钮			

注意事项：

1）地址分配表中的输入、输出地址一定要与 I/O 接线图中的地址一致，否则容易造成安装接线、调试错误。

2）I/O 接线图中的输入控制元件，不管在继电器控制线路中同一个元件用了多少个触点，在 PLC 中只用一个触点作为输入点，除热继电器过载保护外，都采用常开触点。

3）绘制 I/O 接线图时，不需要把 PLC 所有的输入、输出点都绘制出来，而是用哪个就绘制哪个。

4）为防止因交流接触器主触点熔焊不能断开而造成的短路故障，在 PLC 外部必须进行硬件联锁。

5）变频器的控制信号 COM 端必须与其他控制信号的 COM 端分开。

6）变频器的主电路后端不能接任何开关或接触器。

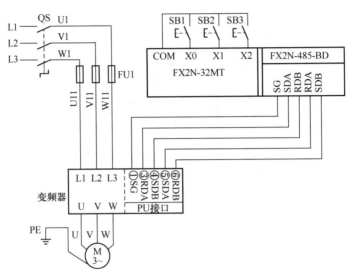

图 6.4.7　PLC 与变频器通信控制正反转 I/O 接线图

2. 接线

根据 I/O 接线图完成 PLC、变频器与外接输入元件和输出元件的接线。

注意：

1）在安装 FX2N-485-BD 模块时要注意对好插槽，否则会损坏模块。

2）FX2N-485-BD 与变频器 PU 接线时，一定要注意 PU 的 RJ45 插头（水晶头）线号顺序与 FX2N-485-BD 对应，绝对不能错，否则 PLC 不会与变频器通信，甚至会损坏 PLC 或变频器。

3. 根据工艺控制要求编写程序

1）根据工艺要求和分析设计出梯形图。参考程序梯形图如图 6.4.8 所示，指令语句表如图 6.4.9 所示。

2）程序解释。

以正转段程序为例解释其意义。

〔 MOV　H5　D10 〕这句的意思是发送请求信号，只要根据实际应用修改数据寄存器 D10 即可，可以修改成任意数据寄存器。H5 是 ASCII 码，表示计算机请求发送信号。

〔 MOV　H30　D11 〕和〔 MOV　H31　D12 〕两句指定变频器站号为 01号。H30、H31 是 ASCII 码，分别表示 0 和 1。FX 系列 PLC 通信所用的字符及对应的 ASCII 码如表 6.4.6 所示。

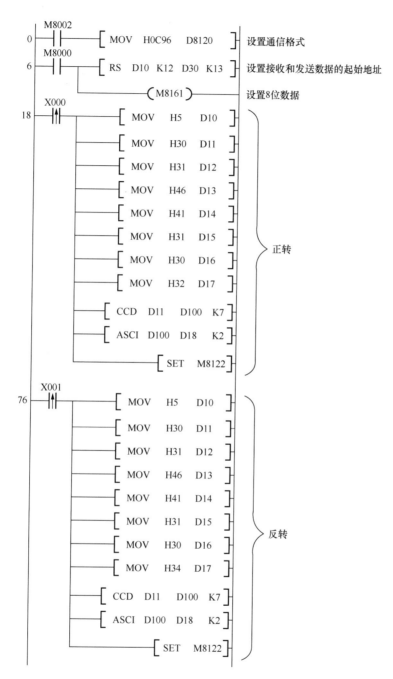

图 6.4.8 PLC 与变频器通信控制正反转参考程序梯形图

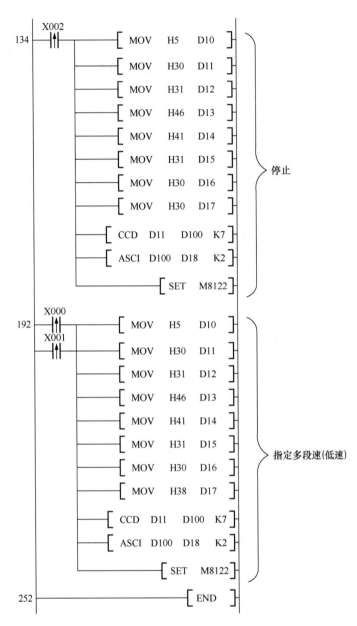

图 6.4.8 PLC 与变频器通信控制正反转参考程序梯形图（续）

0	LD	M8002			
1	MOV	H0C96	D8120		
6	LD	M8000			
7	RS	D10	K12	D30	K13
16	OUT	M8161			
18	LDP	X000			
20	MOV	H5	D10		
25	MOV	H30	D11		
30	MOV	H31	D12		
35	MOV	H46	D13		
40	MOV	H41	D14		
45	MOV	H31	D15		
50	MOV	H30	D16		
55	MOV	H32	D17		
60	CCD	D11	D100	K7	
67	ASCI	D100	D18	K2	
74	SET	M8122			
76	LDP	X001			
78	MOV	H5	D10		
83	MOV	H30	D11		
88	MOV	H31	D12		
93	MOV	H46	D13		
98	MOV	H41	D14		
103	MOV	H31	D15		
108	MOV	H30	D16		
113	MOV	H34	D17		
118	CCD	D11	D100	K7	
125	ASCI	D100	D18	K2	
132	SET	M8122			
134	LDP	X002			
136	MOV	H5	D10		
141	MOV	H30	D11		
146	MOV	H31	D12		
151	MOV	H46	D13		
156	MOV	H41	D14		
161	MOV	H31	D15		
166	MOV	H30	D16		
171	MOV	H30	D17		
176	CCD	D11	D100	K7	
183	ASCI	D100	D18	K2	
190	SET	M8122			
192	LDP	X000			
194	ORP	X001			
196	MOV	H5	D10		
201	MOV	H30	D11		
206	MOV	H31	D12		
211	MOV	H46	D13		
216	MOV	H41	D14		
221	MOV	H31	D15		
226	MOV	H30	D16		
231	MOV	H38	D17		
236	CCD	D11	D100	K7	
243	ASCI	D100	D18	K2	
250	SET	M8122			
252	END				

图 6.4.9 PLC 与变频器通信控制正反转参考程序指令表

表 6.4.6　FX 系列 PLC 通信所用的字符及对应的 ASCII 码

字符	ASCII 码	字符	ASCII 码	字符	ASCII 码	字符	ASCII 码
0	H30	4	H34	8	H38	C	H43
1	H31	5	H35	9	H39	D	H44
2	H32	6	H36	A	H41	E	H45
3	H33	7	H37	B	H42	F	H46

〔　MOV　H46　D13　〕和〔　MOV　H41　D14　〕两句指定数据代码 FA。

〔　MOV　H31　D15　〕指定等待时间为 1s。

〔　MOV　H30　D16　〕和〔　MOV　H32　D17　〕两句指定数据代码 FA 中写入数据 02，表示正转。E700 变频器在 PLC 中对应的数据代码如表 6.4.7 所示。

表 6.4.7　E700 变频器在 PLC 中对应的数据代码

操作指令	指令代码	数据内容
正转	FA	H02
反转	FA	H04
停止	FA	H00
低速	FA	H08
中速	FA	H10
高速	FA	H20
运行频率写入	ED	H0000～H2EE0
频率读取	6F	H0000～H2EE0

〔　CCD　D11　D100　K7　〕和〔　ASCI　D100　D18　K2　〕两句是自动求解总和检验码，即从站号开始至数据止，将所有的 ASCII 码值作为十六进制数相加，舍弃高 8 位，仅取低 8 位，再按位转换成两个 ASCII 码后作为总和检验代码。

反转、停止、指定多段速的程序段意义相同，只要对照表 6.4.6 和表 6.4.7 修改〔　MOV　H30　D16　〕和〔　MOV　H32　D17　〕两句中的数据即可。

〔SET　M8122〕这句的意思是发送。

4. 将编写好的程序传送到 PLC

1）连接好计算机与 PLC。

2）将 PLC 的工作模式开关拨向下方，将工作模式置于停止模式。

3）向 PLC 供电，将程序传送到 PLC 中。

5. 运行调试

1）变频器参数设置。

① 将电动机与变频器连接好，注意变频器绝对不允许开路运行。

② 将 PLC 电源开关断开。

③ 合上电源开关 QS。

④ 按顺序分别设置 Pr. 1＝50，Pr. 2＝0，Pr. 3＝50，Pr. 6＝30，Pr. 117＝1，Pr. 118＝192，Pr. 119＝10，Pr. 120＝2，Pr. 121＝9999，Pr. 122＝9999，Pr. 123＝9999，Pr. 124＝0，Pr. 79＝1，设置变频器参数。

⑤ 切断电源开关 QS，等待 1s 再次合上电源开关 QS。

2）将 PLC 电源开关合上，打开 PLC 软件，使软件处于监控模式。

3）通电后，检查 FX2N-485-BD 通信模块上的 RD 指示灯（LED）和 SD 指示灯（LED）的状态，如果 RD LED 和 SD LED 全亮或全灭，表示正常，否则说明有问题，应检查站号设定和传输速率，或检查接线是否正确。

4）将控制板电源开关合上，进行联动运行，仔细观察电动机的运行状态。

6.4.6 实训操作

1. 实训目的

1）熟悉变频器的参数设置和端子的接线。

2）熟悉通信模块的使用。

3）根据工艺控制要求，掌握 PLC 与变频器控制编程的方法和调试方法，能够使用 PLC 解决实际问题。

2. 实训设备

实训设备主要有计算机、FX2N-32MR、FX2N-485-BD 通信模块、E740 变频器、SC09 通信电缆、开关板（600mm×600mm）、熔断器、接触器、电动机、信号灯、组合开关、按钮、导线等。

3. 任务要求

用通信模式控制电动机正反转多段速运行，当按下正转（反转）启动按钮后，电动机以 25Hz 的速度运行，3s 后电动机以 35Hz 的速度运行，2s 后电动机以 50Hz 的速度运行。

变频器具体参数如下：

Pr. 1＝50，Pr. 2＝0，Pr. 3＝50，Pr. 4＝50，Pr. 5＝35，Pr. 6＝25，Pr. 117＝1，Pr. 118＝192，Pr. 119＝10，Pr. 120＝2，Pr. 121＝9999，Pr. 122＝9999，Pr. 123＝9999，Pr. 124＝0，Pr. 79＝1。

4. 注意事项

1）频率设定一定要与 PLC 的 I/O 分配对应，否则会导致运行速度不对或不能运行。

2）必须设定上限频率和下限频率。

3）通电前必须在指导教师的监护和允许下进行。

4）要做到安全操作和文明生产。

5. 评分

评分细则见评分表。

"变频通信正反转控制实训操作"技能自我评分表

项　　目	技术要求	配分/分	评分细则	评分记录
工作前的准备	清点实训操作所需的设备器件	5	每漏检或错检一件，扣1分	
绘制I/O地址分配表和接线图	正确绘制I/O地址分配表和接线图	5	地址遗漏，每处扣1分 接线图绘制错误，每处扣1分	
安装接线	按照PLC控制I/O接线图正确、规范安装线路	20	线路布置不整齐、不合理，每处扣2分 接线不规范，每根扣0.5分 不按I/O接线图接线，每处扣5分 损坏元件，每个扣5分	
程序设计	1. 按照控制要求设计梯形图 2. 将程序熟练写入PLC中	20	不能正确达到功能要求，每处扣5分 地址与I/O分配表和接线图不符，每处扣5分 不会将程序写入PLC中，扣10分 将程序写入PLC中不熟练，扣10分	
变频器参数设置	按照控制要求设置变频器参数	20	不会设置参数，计0分 设置参数错误，每处扣5分	
运行调试	正确运行调试	10	不会联机调试程序，扣10分 联机调试程序不熟练，扣5分 不会监控调试，扣5分	
清洁	设备器件、工具摆放整齐，工作台清洁	10	乱摆放设备器件、工具，乱丢杂物，完成任务后不清理工位，扣10分	
安全生产	安全着装，按操作规程安全操作	10	没有安全着装，扣5分 操作不规范，扣5分 出现事故，总分计0分	
额定工时240min	超时，此项从总分中扣分		每超过5min，扣3分	

思　考　题

1. 浏览网站或查阅三菱《E700变频器使用手册》，了解学习其他参数。

2. 浏览网站或查阅三菱《E700变频器使用手册》等资料，了解学习X2N-232-BD、FX2N-232IF、FX2N-422-BD、FX2N-485-BD等模块的使用。

3. 分别说明MOV HC9E D8120、MOV HC76 D8120通信格式的传输速率是多少。

主要参考文献

［1］三菱电机．FX 系列 PLC 编程手册（中文版）［Z］．三菱，2017．

［2］三菱电机．E700 变频器使用手册［Z］．三菱，2007．

［3］三菱电机．GX Developer Ver.8 操作手册［Z］．三菱，2014．

［4］苏家健，石秀丽．PLC 技术与应用实训（三菱机型）［M］．2 版．北京：电子工业出版社，2013．

［5］杨杰忠．可编程序控制器及其应用（三菱）［M］．3 版．北京：中国劳动和社会保障出版社，2015．

［6］任小平．可编程序控制器技术与应用（三菱）［M］．北京：中国建材工业出版社，2014．